태양계와 우주의 탄생 과정과 순환 원리

'코스모스 블랙홀 엔진'

임한식

코스모스 블랙홀 엔진

초판 1쇄 인쇄 / 2015년 4월 30일

지은이 · 임 한 식
펴낸이 · 이 승 훈
펴낸곳 · 해드림출판사
    주 소 · 서울 영등포구 경인로 82길 3-4 센터플러스 빌딩 1004호
    전 화 · 02-2612-5552
    팩 스 · 02-2688-5568
    e-mail · jlee5059@hanmail.net

등록번호 · 제387-2007-000011호
등록일자 · 2007년 5월 4일

* 책 값은 표지에 있습니다.
* 잘못된 책은 바꿔 드립니다.
* 저자와의 협의하에 인지는 붙이지 않았습니다.

ISBN 979-11-5634-074-4

태양계와 우주의 탄생 과정과 순환 원리

COSMOS 코스모스
BLACK HOLE 블랙홀
ENGINE 엔진

임한식 지음

태양계와 우주는 크기와 규모만 다를 뿐 탄생 과정과 순환원리는 같기 때문에 태양계의 현재 모습은 은하의 미래 모습이며, 현재 은하의 모습은 과거 태양계의 모습이다.

해드림출판사

머리말

**아직도 아인슈타인이나 뉴턴의 눈으로 태양계와
우주를 바라보다**

　많은 학자의 연구와 과학의 발달로 태양계와 우주의 신기한 현상들이 많이 밝혀지고 빅뱅에 의하여 최초에 우주가 탄생하였다는 것까지 알려지게 되었지만 정작 태양계와 우주의 탄생 과정과 순환 원리에 대해서는 이렇다 하게 알려진 것이 없다.
　과학계에서 아인슈타인의 상대성 이론과 뉴턴의 만류인력 법칙은 거의 절대적인 이론이지만 태양계와 우주의 탄생 과정과 순환 원리를 시원스럽게 설명하지는 못하고 있다. 그렇다고 중력에 의하여 태양이 만들어지고 소행성들의 충돌에 의하여 행성들이 만들어졌다는 현재의 이론에 반박할 만한 뚜렷한 이론이 없으며 태양계와 우주의 모든 것을 설명할 수 있는 만물이론을 찾고 있다.
　수많은 지식의 홍수 속에서 틀에 박힌 교육을 받게 되면 짧은 시간에 다양한 지식을 습득할 수 있는 장점이 있지만 여러 대에 걸쳐서 유명한 학자들이 정립한 지식과 공식에 얽매여 기존 학자들의 이론과 사고의 틀에서 벗어날 수가 없게 되어 본인의 눈으로 바라보지 못하고 아직도 아인슈타인이나 뉴턴의 눈으로 태양계와 우주를 바라보고 있는 것이다.
　전자현미경으로 관찰한 미세한 것과 수십억 년 전의 과거까지도 볼 수 있다는 허블우주망원경으로도 볼 수 없는 멀고 광대한 우주의 여러 현상을 서로 비교하고 관찰하기 위해서는 반드시 일정한 배율을 적용하여 비교하여야 한다.

숲으로 깊이 들어가면 갈수록 산을 볼 수 없는 것과 마찬가지로 태양계와 우주의 탄생과 순환과정을 알기 위해서 이제는 우주 밖에서 마음의 눈으로 태양계와 우주를 바라보아야 한다. 밀폐된 계(界)에서 에너지는 만들어지지 않으며 순환될 뿐이고 열은 높은 곳에서 낮은 곳으로 흐른다는 열역학법칙과 열의 흐름에 따라 물질이 기체, 액체, 고체로 변화하며 순환되는 현상으로 태양계와 우주의 탄생 과정과 순환 원리를 설명하는 블랙홀 엔진이론이 열역학, 기계공학, 전기공학을 공부하는 사람에게는 전혀 낯설지 않은 이론이라고 생각된다.

지금까지 수많은 과학자가 연구하여 밝혀진 태양계와 우주의 여러 현상을 모아서 블랙홀 엔진 이론을 적용하여 태양계와 우주의 탄생 과정과 순환 원리를 설명하려 한다. 노벨물리학상 수상을 꿈꾸는 학생들이나 천문학을 연구하는 학자들에 의하여 아직 미완인 블랙홀 엔진이론이 검증되어 우주의 모든 것을 설명할 수 있는 만물이론으로 정립하였으면 하는 바람이며 책 '코스모스 블랙홀 엔진'을 쓰면서 '한국천문연구원/천문우주지식정보'의 자료와 새롭게 발견되는 태양계와 우주의 신기한 현상들은 여러 신문의 과학 뉴스를 참고 하였다.

약 1,400년 전 신라 선덕여왕 시대에 만들어진 세계 최초의 국립 천문대인 첨성대의 사용 방법이나 기능이 기록으로 전해오는 것이 없어, 학자들에 따라 사실과 다르게 전해지고 있는 첨성대가 현명한 독자들에 의하여 바로 잡히기를 바라는 간절한 마음에서 책 한 권을 써도 부족함이 없는 내용이지만 '코스모스 블랙홀 엔진'을 시작하기 전에 신라 시대 첨성대가 얼마나 훌륭한 '세계문화유산'인가를 간단하게 먼저 설명하기로 한다.

2015년 04월 임한식

목차

머리말 —————————————————————— 4

I. 첨성대

1. 첨성대의 기능 ———————————————— 17
2. 첨성대에서 태양을 관측하는 방법 ———————— 18
3. 첨성대는 낮 12시와 보름밤 12시 자동알림 기능이 있다 ———— 20
4. 야간에 별의 움직임을 관측하여 시각을 알림 —————— 20
5. 첨성대에서 24절기를 측정하는 방법 ————————— 21
6. 첨성대가 기능을 상실한 이유 ——————————— 22
7. 첨성대의 유네스코 세계문화유산 등재 ————————— 22

II. 태양계의 행성들의 공통적인 현상 설명

1. 행성이 공전하는 원리 ——————————————— 26
2. 행성이 자전하는 원리 ——————————————— 26
3. 위성이 자전하는 원리 ——————————————— 27
4. 블랙홀이란 무엇인가? —————————————— 28
5. 블랙홀 엔진의 탄생 ——————————————— 29
6. 블랙홀 엔진의 작동 조건 ————————————— 30
7. 태양계 블랙홀 엔진의 작동 ————————————— 31
8. 전하를 띄는 행성 ———————————————— 32
9. 행성들이 태양을 중심으로 공전할 때 멀어지지도 가까워지지도 않고 그 자리에서 공전하는 이유는 무엇인가? ———————————— 32
10. 행성의 공전궤도가 타원형인 이유 —————————— 33
11. 공전궤도 경사각이 생기는 이유 ——————————— 34
12. 태양계 행성들의 자전 방향 ————————————— 35
13. 행성 지구와 위성의 크기 비교 ———————————— 35
14. 태양계 행성의 물리량(표 I) ————————————— 36

15. 태양계 행성의 물리량(표 II) ──────────── 37
16. 기체형 행성이 만들어지는 과정과 순서 ──────── 38
17. 암석형 행성이 만들어지는 과정과 순서 ──────── 39
18. 행성 외곽으로부터 순차적으로 분리 되어 거의 동시에 행성이 완성되다 ── 40
19. 태양의 탄생 ────────────────── 42

III. 태양계가 만들어지는 과정 요약

IV. 우리은하에서 원시태양계가 분리되는 과정

1. 은하단을 중심으로 공전과 자전을 하는 우리은하 ──── 52
2. 우리은하 외곽에 태양계 고리가 만들어지다 ─────── 52
3. 우리은하에서 태양계의 고리가 끊어지며 분리되다 ──── 53
4. 원시태양계의 자전과 블랙홀이 만들어지는 과정 설명 ── 54
5. 태양계 블랙홀 엔진의 가동과 찌그러진 공 모양의 원시태양계 ── 55

V. 태양계의 생성 과정과 순환 원리

오르트구름
1. 오르트구름이 만들어지는 과정 ──────────── 59

카이퍼 벨트(Kuiper Belt)
2. 카이퍼 벨트가 만들어지는 과정 ──────────── 61

명왕성
3. 명왕성이 만들어지는 과정 ───────────── 63
4. 누워서 자전하는 명왕성 ────────────── 64
5. 명왕성과 카론은 쌍둥이별 ───────────── 66
6. 명왕성과 카론이 대기를 공유하는 원리 ───────── 67

해왕성

7. 해왕성의 대기와 고리가 생기는 원리 — 72
8. 해왕성이 만들어지는 과정 — 73
9. 해왕성의 위성 트리톤이 역주행하는 원리 — 74

천왕성

10. 천왕성이 만들어지는 과정 — 80
11. 천왕성이 역회전하는 원리 — 81
12. 천왕성은 자기장의 축이 자전축에 비해 약 59° 기울어져 있는 이유 — 82
13. 천왕성의 위성들이 찌그러진 이유 — 84
14. 천왕성의 고리가 생기는 원리 — 84
15. 천왕성의 고리가 빠르게 변하는 이유 — 85

토성

16. 토성이 만들어지는 과정 — 94
17. 토성이 많은 위성을 거느린 이유 — 95
18. 토성의 최대위성 타이탄에 대기가 있는 이유 — 95
19. 토성의 위성과 고리가 만들어지는 원리 — 96
20. 토성이 태양계에서 평균 밀도가 가장 작은 이유 — 97
21. 토성의 위성 타이탄에도 위성과 고리가 있다 — 99

목성

22. 목성이 만들어지는 과정 — 107
23. 목성의 많은 대기와 고리가 만들어지는 과정 — 108
24. 목성이 빠르게 자전을 하는 이유 — 109
25. 목성이 태양계에서 가장 강력한 자기장을 갖고 있는 이유 — 109
26. 목성의 육각형 구름이 만들어지는 원인 — 110
27. 목성에 줄무늬의 띠와 밝은 줄무늬 대가 생기는 원인 — 111

28. 목성의 대적반(Great Red Spot:혹은 대적점)이 만들어지는 이유 ——— 112

소행성대

29. 화성과 목성 사이의 소행성대가 만들어지는 과정 ——— 116

30. 트로이 소행성군이 만들어지는 과정 ——— 118

화성

31. 화성이 만들어지는 과정 ——— 125

32. 화성에 대기가 희박한 이유 ——— 126

33. 화성의 위성이 공 모양을 갖추지 못한 이유 ——— 126

34. 화성에 자기장이 희박한 이유 ——— 127

35. 화성에 마른 호수가 만들어진 원리 ——— 128

36. 화성의 올림푸스 화산과 마리네리스 협곡이 만들어지는 과정 ——— 132

37. 화성이 붉은 이유 ——— 133

38. 화성의 많은 모래와 흙이 존재하는 이유 ——— 134

39. 화성의 위성 포보스(Phobos)와 데이모스(Deimos) 화성에 한쪽면만 보이며 공전하는 이유 ——— 135

지구

40. 지구의 순환과정과 여러 현상들 ——— 142

달

41. 지구와 달이 만들어지는 과정 ——— 147

42. 지구와 달의 나이 ——— 148

43. 지구의 바위, 돌, 자갈, 모래, 흙이 존재하는 이유 ——— 148

44. 물의 기원이 지구와 혜성이 다른 이유 ——— 149

45. 지구의 많은 소금과 물, 풍성한 대기가 존재하는 이유 ——— 152

46. 달의 밀도와 암석의 구성성분이 지구와 서로 다른 이유 ——— 153

47. 달의 앞, 뒤가 다른 모습으로 지구에 한쪽 면만 보이며 공전하는 이유 — 154

48. 달의 뒷면에 크레이터가 많은 이유 — 154

49. 달의 핵이 지구 쪽으로 치우친 이유와 달의 내부가 액체인 이유 — 155

50. 달에 암석과 모래, 흙이 존재하는 이유 — 155

51. 달에는 자기장이 없는 이유 — 156

52. 달은 지구와 다르게 풍성한 물과 대기가 없는 이유 — 156

금성

53. 금성이 만들어지는 과정 — 162

54. 금성이 고밀도의 대기를 갖는 이유 — 163

55. 금성이 다른 행성들과 다르게 반대로 자전을 하는 이유 — 164

56. 금성의 북쪽에 고원지대로 구성된 이유 — 165

57. 금성의 자기장이 미약한 이유 — 165

수성

58. 수성이 만들어지는 과정 — 171

59. 수성이 약한 자기장을 보유하는 이유 — 172

60. 수성의 공전주기와 자전주기가 비슷한 이유 — 172

61. 달과 비슷한 수성에 크레이터가 적은 이유 — 173

62. 수성에 저밀도의 대기와 얼음이 존재하는 이유 — 173

태양

63. 원시 태양의 탄생 — 177

64. 수소 핵융합을 시작으로 거대한 태양의 탄생 — 177

65. 태양계 행성들의 공전 속도 변화 — 178

66. 태양의 흑점과 행성의 자기장 — 179

67. 태양의 나이는 약 5억 8천만 살이다 — 180

VI. 우주의 여러 현상을 블랙홀 엔진 이론으로 설명

1. 빅뱅 우주론 설명 ——————————————————— 185
2. 인플레이션 이론과 무한 팽창하는 우주 ————————— 187
3. 우주에는 암흑물질이 존재하지 않는다 ———————————— 188
4. 중력렌즈 현상이란 무엇을 말하는 것인가? ————————— 189
5. 보이드란 무엇을 말하는 것인가? ——————————————— 191
6. 태양계는 은하계의 미래 모습이며, 은하계는 태양계의 과거의 모습이다 — 191
7. 고무줄 같은 우주 나이 ———————————————————— 192
8. 블랙홀에서 강한 X선이 방출되는 이유 ————————————— 193
9. 쌍성계 ——————————————————————————— 194
10. 적색거성과 백색왜성 ———————————————————— 195
11. 쌍성계가 은하계 항성들의 절반 이상을 차지하는 이유 —————— 196
12. 변광성이란 무엇인가? ——————————————————— 197
13. 퀘이사란 무엇인가? ———————————————————— 198
14. 중성자별과 펄사란 무엇인가? ——————————————— 199
15. 블랙홀 제트 현상 설명 ——————————————————— 203
16. 게성운은 초신성이 폭발한 잔해가 아니고 어린 신생성단이다 ——— 204
17. 블랙홀이 별이나 다른 은하를 삼키는 현상은 무엇인가? —————— 206
18. 두 개의 태양을 공전하는 행성이 존재할 수 있을까 ————————— 207
19. 은하계에서 별의 질량이 클수록 수명이 짧은 이유 ————————— 208

VII. 우주의 탄생 과정과 순환 원리

VIII. 다음에 나올 책 '지구의 대멸종과 빙하기'를 준비하며

PART I
첨성대

첨성대

종 목 : 국보 31호
명 칭 : 경주첨성대 (慶州瞻星臺)
분 류 : 첨성대
수 량 : 1기
지정일 : 1962.12.20
소재지 : 경북 경주시 인왕동 839-1
시 대 : 신라시대
소유자 : 국유
관리자 : 경주시

천체의 움직임을 관찰하던 신라 시대의 천문관측대로, 받침대 역할을 하는 기단부(基壇部) 위에 술병 모양의 원통부(圓筒部)를 올리고 맨 위에 정(井)자형의 정상부(頂上部)를 얹은 모습이다. 내물왕릉과 가깝게 자리 잡고 있으며, 높이는 9.17m이다.

원통부는 부채꼴 모양의 돌로 27단을 쌓아 올렸으며, 매끄럽게 잘 다듬어진 외부에 비해 내부는 돌의 뒤뿌리가 삐죽삐죽 나와 벽면이 고르지 않다. 남동쪽으로 난 창을 중심으로 아래쪽은 막돌로 채워져 있고 위쪽은 정상까지 뚫려서 속이 비어 있다. 동쪽 절반이 판돌로 막혀있는 정상부는 정(井)자 모양으로 맞물린 긴 석재의 끝이 바깥까지 뚫고 나와 있다. 이런 모습은 19~20단, 25~26단에서도 발견되는데 내부에서 사다리를 걸치기에 적당했던 것으로 보인다. 옛 기록에 의하면, "사람이 가운데로 해서 올라가게 되어있다"라고 하였는데, 바깥쪽에 사다리를 놓고 창을 통해 안으로 들어간 후 사다리를 이용해 꼭대기까지 올라가 하늘을 관찰했던 것으로 보인다.

천문학은 하늘의 움직임에 따라 농사 시기를 결정할 수 있다는 점에서 농업과 깊은 관계가 있으며, 관측 결과에 따라 국가의 길흉을 점치던 점성술(占星術)이 고대국가에서 중요시되었던 점으로 미루어 보면 정치와도 관련이 깊음을 알 수 있다. 따라서 일찍부터 국가의 큰 관심사가 되었으며, 이는 첨성대 건립의 좋은 배경이 되었을 것으로 여겨진다.

신라 선덕여왕(재위 632~647) 때 건립된 것으로 추측되며 현재 동북쪽으로 약간 기울어져 있긴 하나 거의 원형을 간직하고 있다. 동양에서 가장 오래된 천문대로 그 시기가 높으며, 당시의 높은 과학 수준을 보여주는 귀중한 문화재라 할 수 있다.

국내에 삼국시대의 석조 건축물이 몇 가지 있으나, 그중에서도 첨성대(瞻星臺)가 가장 오랜 천문대(天文臺)라는 점에서 역사적으로 더욱 귀중할 뿐 아니라, 현존하는 천문대 중에서는 동양에서 가장 오랜 것이라고 할 수 있다.

지대석(地臺石)과 기단은 4각형으로 8석과 12석으로 되어 있고, 그 위에 27단의 아래가 넓은 원통형 주체부(主體部)가 있는데, 여기에 쓰인 돌은 362개이고, 1단의 높이는 약 30㎝이다. 제13단에서 제15단에 걸쳐 남쪽으로 면한 곳에 조그마한 출입구가 나 있는데, 그 아랫부분 양쪽에 사다리를 걸었으리라고 추정되는 흔적이 있다.

내부는 제12단까지 흙이 차 있고, 제19, 20단과 제25, 26단 두 곳에 정자형(井字形)으로 길고 큰 돌이 걸쳐져 있는데, 그 양쪽 끝이 바깥으로 내밀고 있으며, 꼭대기에도 정자석(井字石) 2단이 놓여 있다. 제27단 내부의 반원(半圓)에는 판석(板石)이 있고, 그 반대쪽에는 판목(板木)을 놓았을 것으로 보이는 자리가 있다. 꼭대기의 정자석 위에도 관측에 필요한 어떤 시설이 있었을 것으로 보인다. 현재 동북쪽으로 약간 기울어져 있으나 석조 부분만은 원형을 간직하고 있는데, 매우 희귀한 유적(遺蹟)이라고 할 수 있다.(출처 : 문화재청www.cha.go.kr)

1. 첨성대의 기능

농업과 어업에 필요한 24절기와 밀물과 썰물을 정확하게 예측할 수 있는 태양 음력을 만들고 매일 일정한 시각을 백성들에게 정확하게 알려주기 위한 객관적이고 정확한 천문 자료를 확보하기 위하여 신라의 27대 선덕여왕은 다기능 국립종합천문대인 첨성대를 만들었다.

가. 농업에 필요한 24절기를 정확하게 측정함
나. 낮 12시 자동 알림기능 및 낮 12 표준 시각으로 설정
다. 보름밤 12시 자동 알림기능 및 밤 12시 야간 표준 시각으로 설정
라. 야간에 별의 움직임을 관찰해 정확한 시각을 알림.
마. 기타 행성들의 움직임과 일식과 월식을 예측 기록.

2. 첨성대에서 태양을 관측하는 방법

가. 태양의 관측이 필요할 경우 외부 사다리를 이용하여 남쪽의 출입구(910mm×910mm)를 통하여 내부 공간에서 대기하며 상부 판석 옆 좁은 틈에서 빛이 들어오면 내부 사다리에 오를 준비한다.

나. 태양이 이동하여 상부 판석 뒤로 숨어 어두워지면 내부 사다리를 이용하여 관통석을 밟고 판석 아래에 서서 머리를 뒤로 젖혀 상부 천구 중심 서쪽 관측 창문(약900mm×600mm)을 통하여 하늘을 바라보게 된다. 그때 상부 판석 뒤에 숨은 태양이 조금 보이게 되면 시력 손상을 방지하기 위하여 즉시 고개를 숙이고 관측 창문과 같은 배율의 기록지에 관찰한 태양의 위치를 기록하여 천문 자료로 활용한다.

다. 판석 경계선 중간에 태양이 위치하면 낮 12시, 보름달이 위치하게 되면 밤 12시 정각이다.

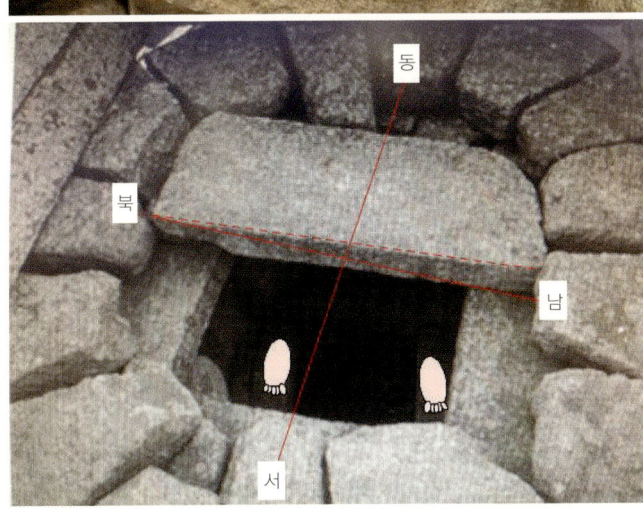

Part 1. 첨성대

3. 첨성대는 낮 12시와 보름밤 12시 자동알림 기능이 있다

신라 시대 선덕여왕 때에는 일정한 시각에 종을 쳐서 백성들에게 정확한 시각을 알려 주었다. 어두운 첨성대 내부가 첨성대 상부 판석 틈으로 들어온 햇빛으로 조금 밝아지면 종지기의 눈높이에 맞춰 만든 첨성대 출입구를 바라보며 종루에서 대기하던 종지기가 종을 칠 준비를 하고 태양이 판석에 가려 어두워졌다가 다시 밝아지면 종을 치기 시작하여 낮 12시를 알렸으며 이와 같이 보름밤 12시에도 자동으로 시각을 알렸으며 낮 12시와 보름밤 12시는 표준 시각으로 정하였다.

4. 야간에 별의 움직임을 관측하여 시각을 알림

해가 지게 되면 첨성대 근무자가 내부 사다리를 올라 관통석을 밟고 서서 고개를 들어 첨성대 상부의 관측 창문을 통하여, 판석 경계선을 지나 서쪽으로 한 시간에 15°씩 이동하는 별을 관측한다. 여기서 관측한 정확한 시각을 촛불신호로 보내게 되면 종루에서 이를 바라보고 종지기가 종을 쳐서 백성들에게 정확한 시각을 알렸다. 첨성대를 쌓은 돌의 겉모습은 빗물에 산화되어 검은색이지만 내부는 빛을 잘 반사하는 황금색 화강암으로 햇빛이나 달빛은 물론이고 촛불만 밝혀도 같은 높이에 있는 종루에서 충분히 알아볼 수 있도록 빛의 반사가 잘 될 뿐 아니라 판석 사이에 작은 틈새를 두어 명암 효과를 극대화되도록 하였다. 빗물이 내부로 흘러들어 가게 되면 첨성대 내부의 황금색 화강암이 검게 변하는 것을 방지하기 위하여 병 모양으로 만들었으며 돌을 다듬을 때에도 쌓은 돌 틈새로 내부에 물이 흘러들어 가지 않도록 세심한 배려를 하였다. 상부 관측 창문으로 들어간 물은 즉시 배수가 되도록 자갈을 채워 넣었다.

5. 첨성대에서 24절기를 측정하는 방법

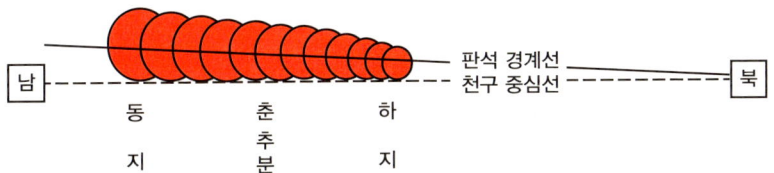

위 그림은 첨성대 내부 사다리를 올라 관통석을 밟고 서서 상부 관측 창문을 통하여 태양이 천구 중심선을 통과할 때(12시 정각) 관찰한 내용을 상부 관측 창문과 같은 배율로 축소된 기록지에 24절기 마다 태양의 위치를 기록한 그림이다. 첨성대 내부에서 상부 관측 창문을 통하여 관측한 내용을 관측지에 옮겨 그리게 되면 위와 같이 남, 북이 바뀐 그림이 된다. 당시에는 전통 한지에 먹으로 그림을 그리기 때문에 뒤집어 보게 되면 남쪽과 북쪽이 바로 잡히고 천구에서 내려다본 그림이 된다.

태양이 남회귀선을 통과할 때가 동지(冬至)이며, 하지(夏至)는 태양이 북회귀선을 통과일 때이나. 동지(冬至)와 하지(夏至) 사이를 12 등분하여 왕복하게 되면 24절기(節氣)이다.

지구가 근일점을 통과할 때 태양이 가장 크게 보이는 동지(冬至)이고 원일점을 통과할 때 가 태양이 가장 작게 보이는 하지(夏至)이기 때문에 관측할 때 계절에 따른 태양의 크기 차이로 인한 오차를 줄이기 위하여 천구중심선과 판석의 경계선에 약 12° 정도의 편각을 주었다.

6. 첨성대가 기능을 상실한 이유

첨성대는 농사에 필요한 24절기와 정확한 시각을 알기 위하여 하늘을 관찰하였다. 하지만 과학의 발달로 정밀한 해시계와 천체 운행 및 그 위치를 측정하여 천문시계의 구실을 하였던 혼천의 같은 정밀 시계를 발명하게 되어, 훌륭한 첨성대도 구시대의 유물이 되었던 것이다.

7. 첨성대의 유네스코 세계문화유산 등재

우리 조상들의 첨단 과학기술에 의하여 만들어진 걸작품(傑作品)을 우리가 제대로 이해하지 못하여 유네스코 세계문화유산에 등재하지 못한 것이니, 국민의 한사람으로서 이를 매우 안타깝게 생각한다. 선조들의 이런 훌륭한 과학기술 DNA를 물려받았기 때문에 태양계와 우주의 탄생 과정과 순환 원리를 설명한 책 '코스모스 블랙홀 엔진'도 쓸 수 있었으며, 우리나라가 IT 강국이 된 것 역시 하루아침에 이루어진 일이 아니다. 이렇게 훌륭한 국립종합천문대인 첨성대가 현명한 독자들에 의하여 유네스코 세계문화유산에 이른 시일 내에 등재되어 선조들의 훌륭한 과학기술이 세계 여러 나라에 널리 알려지기를 바랄 뿐이다.

PART II

태양계 행성들의 공통적인 현상 설명

1. 행성이 공전하는 원리

고온의 기체 상태로 자전하던 중심별의 바깥쪽에서 냉각, 분리되면 중심별의 일원으로 자전하던 방향이 곧 행성이나 위성의 공전 방향이 되는 것이다.

2. 행성이 자전하는 원리

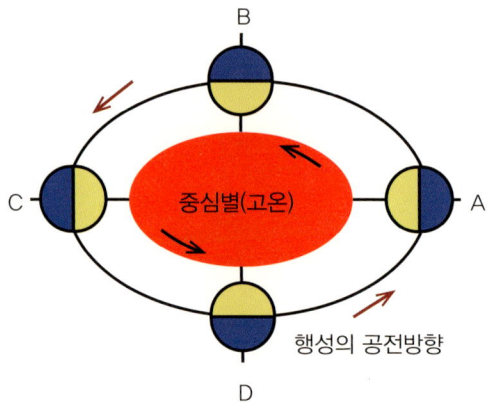

중심별에서 분리된 행성은 고온 구역의 중심별 쪽이 가열 팽창하여 압력이 높아지고 반대로 저온 구역은 냉각 수축하여 체적이 줄어들어 압력이 낮아지게 된다. 기체 상태의 행성은 압력이 높은 고온 구역에서 압력이 낮은 저온 구역으로 태풍처럼 흐른다. 좌측 그림에서처럼 행성의 공전궤도 상에서 A, B, C, D 위치에 따라 행성의 고온 구역과 저온 구역이 중심별의 자전 방향과 같은 반시계 방향으로 연속적으로 변하게 되어 중심별의 자전 방향과 같은 방향으로 행성이 자전을 하게 되는 것이다. 기체 상태로 자전을 하며 1회전 이상은 공전을 하여야 원심력으로 행성 중심에 블랙홀이 만들어져 자전할 수 있는 충분한 힘이 생기게 된다.

3. 위성이 자전하는 원리

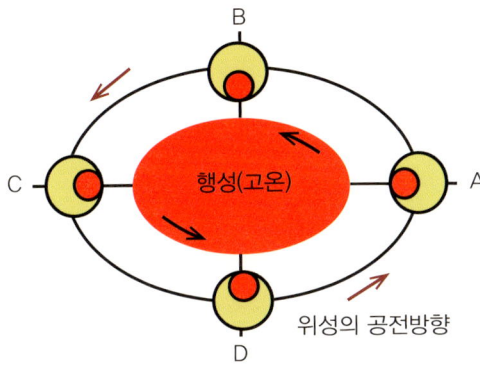

태양계의 모든 위성들은 동일한 면이 항상 모행성을 향하게 되어 있다. 말하자면 위성이 모행성을 한 번 공전할 때마다 한 번 자전한다는 이야기다. 이와 같이 자전주기가 공전주기와 같은 경우를 동주기 자전(synchronous rotation)이라고 하는데, 지구의 달도 동주기 자전을 하므로 지구에서는 항상 달의 한쪽 면밖에 볼 수 없다.

행성에서 분리된 후 에너지가 부족하여 블랙홀을 만들지 못하고 액체 상태로 행성을 공전할 때 나타나는 현상으로 중력 에너지는 질량의 곱에 비례하기 때문에 밀도가 높고 무거운 물질들은 행성 쪽으로 모여 냉각되어 고체로 되어 행성과 위성은 인력과 전자기력에 의한 반발력으로 단단하게 결속되어 오뚜기처럼 항상 행성에 한쪽 면만 보이며 공전을 하기 때문에 행성을 중심으로 1회전 공전할 때 위성은 자동으로 1회전 자전을 하게 되는 것이다. 위성도 기체 상태에서 블랙홀을 만들게 되면 행성처럼 자전을 하는 위성이 된다.

4. 블랙홀이란 무엇인가?

우주의 모든 물질은 온도에 따라 기체, 액체, 고체로 변하게 되는데 태초 우주가 탄생할 당시의 중심 온도는 매우 높아 우주의 모든 물질이 기체 상태(플라즈마)로 공전과 자전을 하며 냉각되어 외곽으로부터 은하단으로 분리되고, 은하단은 다시 은하로 분리, 은하는 태양계, 태양계는 행성, 행성에서 다시 위성들이 분리된다.

블랙홀은 기체 상태의 물질이 냉각되어 액체 상태로 변환하는 과정에서 생기는 물리적인 현상으로 기체 상태의 물질들이 고속으로 자전을 하게 되면 원심력에 의하여 원반 형태로 납작해지며 원반 중심에는 구멍이 생기게 되는데 이것을 블랙홀이라 한다.

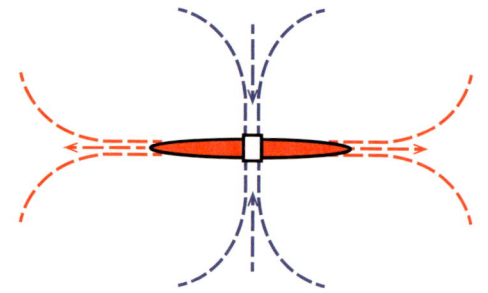

드물기는 하지만 위성 중심에 있는 작은 규모의 블랙홀부터 행성, 은하, 은하단, 우주에 이르기까지 자전하는 기체 상태의 원반 중심에는 항상 블랙홀이 존재하며 그 크기는 태양의 수천억 배에 달하는 어마어마하게 큰 블랙홀까지 우주에는 수없이 많은 블랙홀이 존재한다.

블랙홀은 압력이 매우 낮아 주변의 수소가스가 빨려 들어가 순환하면서 태양계에서와 같이 행성들이 모두 만들어지게 되면 블랙홀은 사라지고 더는 행성이 만들어지지 않는다.

냉각되어 고체 상태로 자전을 하는 별의 중심에는 과거에 반드시 블랙홀이 존재하였다. 예를 들어 자전을 하는 지구는 과거에 블랙홀이 존재하였으며 동주기 자전을 하는 달과 같은 위성에는 블랙홀이 존재하지 않았다.

5. 블랙홀 엔진의 탄생

우리은하 외곽에서 분리되어 원시태양계 중심에 블랙홀이 만들어지게 되면 우리은하 바깥쪽에 존재하는 수소가스 속에서 자전을 시작한다.

수소는 우주에서 가장 가벼운 기체이기 때문에 열이 있는 가까이에는 존재하지 못하고 항상 외곽으로 밀려나 차가운 곳에만 존재하게 된다. 수소는 무색투명하여 눈에 보이지는 않지만, 압력이 낮은 블랙홀로 빨려들어가 순환하여 발생한 정전기의 높은 전압 차이로 강력한 블랙홀 제트를 분사하게 되어 멀리 있는 블랙홀의 존재를 알려주기도 하며 블랙홀 제트현상을 보고 거대한 블랙홀의 중력이 모든 것을 빨아들인다고 말하는 것이다.

블랙홀로 빨려 들어가 기체 형태의 원시태양계를 냉각하고 가열된 수소가스는 계속해서 외곽으로 빠져나가며 순환하게 되는데 고열원과 저열원의 사이에서 정확하게 작동하며, 태양계의 행성들이 만들어지는 과정이 마치 정교하게 작동하는 엔진과 같아 지금부터는 이를 블랙홀 엔진이라 부르고 규모와 등급에 따라 코스모스 블랙홀 엔진, 갤럭시 블랙홀 엔진, 태양계 블랙홀 엔진, 천왕성 블랙홀 엔진, 해왕성 블랙홀 엔진… 등으로 부르기로 한다.

6. 블랙홀 엔진의 작동 조건

가. 고열원의 중심별과 저열원이 존재할 것

블랙홀 엔진은 고열원과 저열원 사이에서 작동하는 엔진이므로 고열원과 저열원의 온도 차이가 클수록 강력한 블랙홀 엔진이 만들어지며 블랙홀 엔진의 원심력은 탄생 시 최대가 되었다 점점 작아져서 수성과 금성의 탄생과 동시에 태양계 블랙홀은 사라지게 된다.

나. 자전하는 고온의 중심별에서 분리되어 중심 온도가 임계 온도 이상일 것

블랙홀 엔진은 기체에서 액체 상태로 체적이 변화하는 과정에서 작동하므로 임계점 이하로 온도가 낮아지게 되면 액체로 상변화를 하기 때문에 원심력은 없어지고 응집력은 커져 구형을 유지하며 중심의 블랙홀이 사라지게 되므로 반드시 임계점 이상에서만 작동한다.

다. 고 열원과 저 열원 사이를 순환하며 열을 운반할 수 있는 열매체가 존재할 것

블랙홀 엔진에 의하여 행성들이 만들어지기 위해서는 압력이 낮은 블랙홀을 통하여 순환하며 고열원의 중심부 구성 물질들을 냉각시키고 그 에너지를 흡수하여 저온 구역으로 운반할 수 있는 수소와 같은 열매체가 필요하다.

블랙홀 엔진은 고온고압의 상태이지만 임계점 이상이므로 액체가 아니고 기체 상태이기 때문에 블랙홀을 통하여 빨려 들어간 수소 가스가 기체 상태의 블랙홀 엔진 구성 물질들 사이를 통과하면서 열 교환을 하고 계속 순환할 수 있는 것이다.

7. 태양계 블랙홀 엔진의 작동

블랙홀 엔진 작동으로 주변의 수소는 블랙홀 엔진의 원심력으로 압력이 낮은 블랙홀로 빨려 들어가 블랙홀을 냉각하고 뜨거워진 수소는 원반 바깥쪽을 빠져나가게 되는데 이렇게 순환되는 과정에서 블랙홀 엔진의 열을 흡수한 수소는 팽창하여 더욱 가벼워져 외곽으로 밀려나고 외곽에서 냉각되어 차가워진 수소는 블랙홀로 다시 빨려 들어가며 순환은 계속된다.

이러한 과정에서 순환하는 수소와 함께 암석 물질로 구성된 물질들이 골고루 밀려나오게 되고 외곽에서 냉각되어 굳어서 오르트 구름과 카이퍼 벨트가 만들어지고 블랙홀 엔진 외곽에서 임계점 이하로 낮아진 물질들이 분리되어 행성이 되는데 행성과 중심별은 구성 비율은 다르지만 같은 성분을 함유하게 된다.

8. 전하를 띄는 행성

블랙홀을 통하여 순환하는 수소와 회전하는 블랙홀 엔진과의 마찰 때문에 정전기가 발생하게 되는데 중심부의 회전하는 블랙홀 엔진은 ⊕전하를 띄고 블랙홀을 통하여 순환하는 수소는 상대적으로 ⊖전하를 띄게 된다.

⊕전하를 띤 중심핵을 보유한 행성이 만들어지게 되면 순환하는 ⊖전하를 띤 가스는 행성의 대기가 된다.

9. 행성들이 태양을 중심으로 공전할 때 멀어지지도 가까워지지도 않고 그 자리에서 공전하는 이유는 무엇인가?

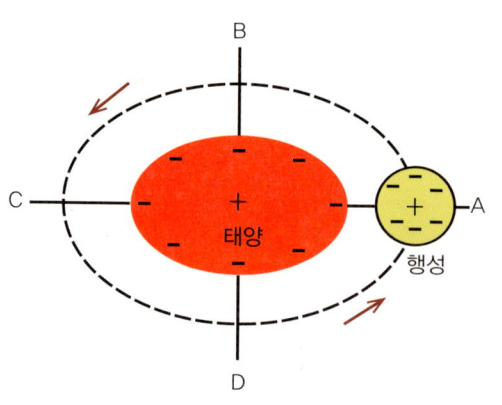

태양은 ⊕전하를 띄고 행성은 ⊖전하를 띄게 되어 태양과 행성 사이에는 인력이 작용하여 서로 가까워지려 한다. 태양과 행성은 각자 중심의 +극과 바깥쪽의 -극을 갖게 되어 각각 전자기적으로 안정하게 된다. 태양과 행성이 서로 인력이 작용하여 가까워지게 되면 태양과 행성 외곽의 서로 같은 -극끼리 강한 반발력이 작용하게 된다.

태양과 행성, 행성과 행성 사이에는 서로 간의 인력과 전자기력에 의한 반발력이 동시에 작용하여 태양계는 인력과 반발력으로 단단하게 결속된 채로 태양의 거대한 인력으로 한곳에 모이지 않으며 행성들이 원심력으로 자기의 궤도를 이탈하지 않고 일정한 거리를 유지하며 공전을 하게 된다.

행성이 태양을 중심으로 타원궤도로 공전할 때 서로 가까워져 근일점에 이르게 되면 인력보다 반발력이 커져 다시 멀어지게 되고 서로 멀어져서 원일점에 이르면 반발력은 작아지므로 반대로 인력이 크게 작용하여 태양과 행성은 다시 가까워지게 되는 것이다. 이러한 원리로 행성들이 멀어지지도 않고 가까워지지도 않으며 항상 태양을 중심으로 공전과 자전을 하게 되는 것이다.

10. 행성의 공전궤도가 타원형인 이유

원시태양계가 냉각되어 바깥 부분으로부터 순서대로 분리되어 행성들이 모두 만들어지고 냉각되면 마지막으로 우주에서 가장 가벼운 수소가, 사라진 태양계 블랙홀에 모여 태양이 만들어지게 되면 행성들은 태양을 중심으로 공전하게 되는데 행성이 공전을 하고 있는 태양도 우리은하를 중심으로 자전을 하며 공전을 하고 있다.

행성이 태양을 중심으로 한 바퀴 공전하는 동안 태양도 우리은하를 중심으로 일정한 거리만큼 공전을 하기 때문에 이동하는 태양을 따라가며 공전하게 되어 행성의 공전궤도가 타원형이 되는 것이다. 만약 태양이 우리은하를 중심으로 공전을 하지 않고 제자리에 정지

한다면 태양계행성들의 공전궤도는 타원형에서 원형으로 변하게 될 것이다.

행성의 공전궤도 이심률은 공전궤도가 원형에서 찌그러진 정도를 이야기 하는 것으로 우리은하를 중심으로 공전하는 태양의 속도에 비례하여 변하게 되며 태양이 공전 시 우리은하에 가까워지면 태양의 공전 속도가 빨라지고 우리은하에서 멀어지게 되면 태양의 공전 속도가 늦어지므로 태양의 우리은하 공전 속도에 따라 행성들의 타원형 공전궤도의 모양이 길어졌다가 다시 원형에 가깝게 변하게 된다.

11. 공전궤도 경사각이 생기는 이유

행성의 공전궤도 경사각이란 지구의 공전궤도를 기준으로 한 행성의 공전궤도의 기울기를 말하는 것으로 지구의 공전궤도 경사각은 0 이다.

자전을 하는 중심별의 일원으로 함께 자전을 하던 행성은 중심별에서 분리되면 중심별의 자전 방향과 같은 방향으로 공전과 자전을 하게 되는데 중심별과 행성 간의 인력과 전자기력에 의한 반발력으로 단단히 결속되어, 자전하는 중심별의 원반 두께에 해당하는 만큼 어긋난 공전궤도를 갖게 되며 태양계 행성들은 모두 비슷한 공전궤도 경사각을 갖게 된다.

12. 태양계 행성들의 자전 방향

태양계 행성들의 자전 방향은 북극에서 바라보았을 때 태양의 자전 방향과 같은 반시계 방향이 일반적이며 다른 행성의 자전 방향과 다르게 금성은 시계방향으로 자전을 하며 천왕성과 명왕성은 누워서 자전을 하는 재미난 현상이 발견되었으며 태양계 행성의 자전 방향이 서로 다른 이유는 태양계의 행성들이 만들어지는 과정에서 다시 설명하기로 한다.

태양계 행성들과 명왕성의 자전축

13. 행성 지구와 위성의 크기 비교

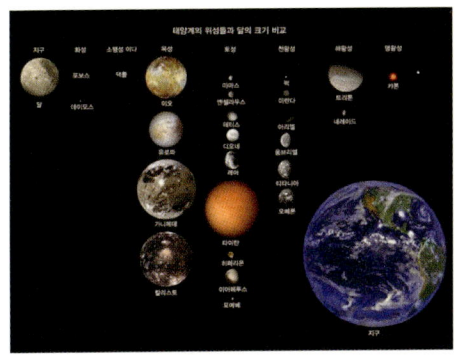

14. 태양계 행성의 물리량(표 I)

구 분	태 양	수 성	금 성	지 구	화 성
적도반경(km)	695,500	2,439.70	6,051.80	6,378.14	3,396.20
최대시직경(")	32'70"	12.3	63		25.1
질량(kg)	1.989×10^{30}	3.3022×10^{23}	4.8690×10^{24}	5.9742×10^{24}	6.4191×10^{23}
부피(km³)	1.412×10^{24}	6.083×10^{10}	9.28×10^{11}	1.083×10^{12}	1.632×10^{11}
평균밀도(g/cm³)	1.408	5.43	5.24	5.515	3.94
표면중력(지구=1)	28	0.38	0.91	1	0.38
유효온도(K)	5777	440	730	280	230
절대등급	4.74				
겉보기등급	−26.83	−1.9	−4.6〜−3.8		−2.91〜1.8
궤도장반경(AU)	0	0.39	0.7	1	1.52
이심률(e)		0.2056409	0.006764	0.0934531	0.0489044
자전속도(km/s)	1.9969	0.003	0.0018	0.4651	0.2411
자전주기(일)	25.38	58.6462	−243.0185	0.99726963	1.02595676
자전기울기(도)	7.25	0.01	2.64	23.44	25.19
평균공전속도(km/s)		47.8725	35.0214	29.7859	24.1309
공전주기(일)		87.97	224.7	365.26	686.96
궤도경사각(도)		7	3	0	1.8
황도경사각(도)		89.99	87.36	66.56	64.81
항성주기(년)	0.06954	0.24085	0.61521	1.00004	1.88089
회합주기(일)		115.878	583.921		779.936
반사율		0.106	0.65	0.367	0.15
대기		없음	90기압	1기압	0.x기압
	H^2 73%	O^2 42%	CO^2 96.5%	N^2 78%	CO^2 95.3%
	He 25%	Na 29%	N^2 3.5%	O^2 21%	N^2 2.7%
		H^2 22%			
표면	흑점, 광구	지표, 운석구덩이	지표	바다, 대륙	지표
편평도	0.000009	0	0	0.0033528	0.00736
이탈속도(km/s)	617.7	4.25	10.46	11.186	5.027
나이	50억년			45억년	

코스모스 블랙홀 엔진

15. 태양계 행성의 물리량(표II)

구분	목성	토성	천왕성	해왕성	명왕성	달
적도반경(km)	71,492	60,268	25,559	24,764	1,195	1,738.2
최대시직경(″)	49.9	20.7	4.1	2.4	0.11	32′9″
질량(kg)	1.8988×10²⁷	5.6852×10²⁶	8.6840×10²⁵	1.0245×10²⁶	1.3×10²²	7.350×10²²
부피(km³)	1.431×10¹⁵	8.270×10¹⁴	6.834×10¹³	6.254×10¹³	7.150×10⁹	2.196×10¹⁰
평균밀도(g/cm³)	1.33	0.69	1.27	1.64	1.8	3.346
표면중력(지구=1)	2.37	0.94	0.89	1.11	0.07	0.1658
유효온도(K)	125	95	60	60	40–60	220
절대등급						
겉보기등급	−2.94~−1.6	−0.24~1.2	5.32~5.9	7.78~8.0	13.65~15.1	−12.74~−2.5
궤도장반경(AU)	5	10	20	30	39.48	38.4401km
이심률(e)	0.0489044	0.0532927	0.0454167	0.0093138	0.2512582	0.0554
자전속도(km/s)	12.6	9.87	2.59	2.68	0.013	0.004626
자전주기(일)	0.41354	0.44401	0.71833	0.67125	−6.3872	27.3216
자전기울기(도)	3.12	26.73	82.23	28.33	17.13	6.69
평균공전속도(km/s)	13.0697	9.6724	6.8352	5.4778	4.749	1.023
공전주기(일)	4333.29	10,756.20	30,707.49	60,223.35	90,623.31	27.322
궤도경사각(도)	1.3	2.4	0.7	1.7	122.53	
황도경사각(도)	86.88	64.73	7.77	61.67	72.87	83.31
항성주기(년)	11.862	29.457	84.022	164.774	247.796	
회합주기(일)	398.884	378.092	369.657	367.486	366.72	
반사율	0.52	0.47	0.51	0.41	0.3	0.12
대기	H^2 81% He 17%	H^2 93% He 5%	H^2 83% He 15%	H^2 80% He 19%	N^2 CH^4	He 25% Ne 25% H^2 23% Ar 20%
표면						바다22개, 산맥 11개, 운석구덩이 47개
편평도	0.06487	0.09796	0.0229	0.0171		0.00125
이탈속도(km/s)	59.54	35.49	21.29	23.5	1.2	2.378
나이						

Part 2. 태양계의 행성들의 공통적인 현상 설명

16. 기체형 행성이 만들어지는 과정과 순서

태양계 블랙홀 엔진 외곽으로부터 분리되어 암석 물질로 이루어진 핵을 중심으로 순환하는 가스가 많이 모이게 되면 가스형 행성이 만들어지게 된다.

태양계 블랙홀을 통하여 순환하는 가스에 의하여 외곽으로 밀려나온 가스형 행성의 중심핵을 이루는 물질들은 여러 성분의 암석 물질이 혼합되어 있어 순수하지 않기 때문에 분자 간에 작용하는 인력이 약하여 액화되는 온도가 낮기 때문에 기체에서 액체로 빠르게 변하지 않고 기체 상태를 유지하며 오랫동안 자전을 하기 때문에 중심핵과 순환하는 가스 사이에는 더욱 많은 정전기가 발생하게 된다.

오랜 자전으로 인하여 많은 정전기의 발생으로 암석 물질로 이루어진 중심핵이 보유한 ⊕전하에 상당하는 많은 양의 ⊖전하를 띤 기체를 보유하게 되어 기체형 행성이 만들어지게 되는 것이다. 무거운 가스가 가벼운 가스에 비하여 응축온도가 높아 먼저 응축되기 때문에 아래 '표'에서 보는 것처럼 가스형 행성인 명왕성, 해왕성, 천왕성, 토성 순으로 평균밀도가 큰 행성이 먼저 만들어진 것을 알 수 있다.

이런 원리와 다르게 목성의 평균밀도가 천왕성이나 토성에 비하여 큰 이유는 목성은 암석형 행성과 인접하여 있어 밀도가 큰 암석 물질로 이루어진 커다란 중심핵을 보유하고 있기 때문이며, 암석 물질로만 이루어진 화성보다는 평균밀도가 작을 수밖에 없다.

생성순서	1	2	3	4	5	6	7	8	9
행 성	명왕성	해왕성	천왕성	토성	목성	화성	지구	금성	수성
평균밀도 (g/cm³)	1.8	1.64	1.27	0.69	1.33	3.94	5.515	5.24	5.43

17. 암석형 행성이 만들어지는 과정과 순서

우리은하 외곽에서 분리되어 외곽으로부터 오르트구름, 카이퍼 벨트, 기체형 행성들이 순서대로 분리되고 태양계 블랙홀 엔진은 계속 가동된다. 밀도가 높고 고온, 고압의 임계온도 이상이어서 기체 상태인 암석 물질들 사이를 통과하며 태양계 블랙홀 엔진을 냉각하며 가열된 수소가스는 더욱 가벼워져 외곽으로 밀려나며 계속 순환을 하게 된다.

태양계 블랙홀 엔진 외곽에서 암석형 물질로 이루어진 행성이 분리될 때는 위의 "표"에서 보는 것처럼 외곽으로부터 밀도가 작은 물질순서대로 냉각 분리되어서 외곽에서부터 화성, 지구, 금성, 수성이 분리되었다.

그러나 이와 다르게 수성과 금성에 비하여 지구의 평균 밀도가 큰 이유는 태양계 블랙홀 엔진에서 화성이 분리되고 다시(지구와 달), (수성과 금성) 이렇게 둘로 분리될 무렵 밀도가 큰 물질만 남은 태양계 블랙홀 엔진은 원심력은 줄어들고 인력은 커지게 되어 공 모양으로 변하려고 가운데가 통통한 도넛 모양이 되며 무거운 물질들은 중심으로 모이려고 한다.

원반 외곽으로부터 밀도가 낮은 순서 대로에 차례로 행성들이 분리되지만 화성이 분리되고 다시 둘로 분리되어 하나는 지구와 달로 분리되고 다른 하나는 수성과 금성으로 분리된다. 지구와 달을 합한, 질량이 수성과 금성을 합한 질량에 비하여 약 16.3% 크기 때문에 중심의 밀도가 큰 물질이 수성과 금성 쪽보다 지구와 달 쪽에 더 많이 포함되어 있어 블랙홀 중심 쪽에 위치한 금성과 수성보다 지구의 밀도가 더 큰 이유이다.

기체형 행성의 중심핵 또한 암석형 행성과 마찬가지로 밀도가 작은 순으로 명왕성, 해왕성, 천왕성, 토성의 중심핵이 분리되었을 것으로 추정할 수 있다.

18. 행성 외곽으로부터 순차적으로 분리 되어 거의 동시에 행성이 완성되다

일반적으로 최소한 1회전 이상 공전을 지속한 후 냉각되어야 무거운 물질들이 행성의 중심에 자리 잡아 확실하게 자전을 하는 행성이 완성되는데 분리될 때에는 외곽으로부터 순서대로 시간 간격을 두고 분리되었지만 각 행성들의 공전주기의 차이로 모든 행성들이 거의 동시에 완성된다.

생성순서	1	2	3	4	5	6	7	8	9
행성	명왕성	해왕성	천왕성	토성	목성	화성	지구	금성	수성
공전주기 (일)	90,623	60,223	30,707	10,756	4,333	687	365	225	88

기체가 액체로 변하는 과정에서 체적 변화로 인한 압력 차에 의하여 행성의 자전하는 힘이 생기게 되므로 최소한 1회전 이상 공전을 하여야 행성중심에 블랙홀이 만들어지며 자전을 하게 된다. 원시 태양계 외곽으로부터 명왕성을 기점으로 금성과 수성을 마지막으로 순차적으로 분리 되었지만 모든 행성들이 완성된 시점은 거의 동일하다고 볼 수 있다.

명왕성의 1회전 공전 기간인 약 248년 만에 모든 행성들이 거의 동시에 완성되었으며 우주의 시간에서 보면 동시에 만들어졌다고 하여도 틀린 말은 아니다. 태양계와 우주의 생성과정과 순환 원리를 설명하기 위해서는 외곽으로부터 행성이 분리된 순서의 방향성이 매우 중요한 의미를 갖는 이유는 은하계에도 태양계 외곽으로부터 행성들이 분리된 후 마지막으로 태양이 만들어진 것과 마찬가지로 은하계의 외곽으로부터 중심방향으로 순서대로 별들이 모두 만들어지고 나면 마지막으로 은하의 태양이 탄생하게 되는 것이다.

19. 태양의 탄생

　태양계 블랙홀 엔진 외곽으로부터 오르트구름, 카이퍼 벨트를 만들고 명왕성을 시작으로 차례대로 분리된 행성들이 모두 만들어지자 태양계 블랙홀 엔진을 순환하며 행성들이 보유하고 있던 에너지를 모두 흡수하며 외곽에서 중심으로 다가오고 있던 우주에서 가장 가벼운 수소가 사라진 태양계 블랙홀에 모두 모여 핵융합을 시작하여 현재의 태양이 탄생되었다. 성간물질이 자전을 하여 원반중심에 태양이 만들어지고 태양의 중력에 의하여 소행성들이 뭉쳐서 태양계의 안쪽으로부터 차례대로 행성들이 만들어졌다는 이론과는 상반되는 내용이다.

PART III

태양계가 만들어지는 과정 요약

1. 자전을 하는 우리은하의 외곽에서 뜨거운 기체 상태의 암석 물질들이 냉각, 응축되며 분리된 원시태양계는 수소 구역에서 우리은하를 중심으로 공전과 자전을 한다.

2. 우리은하를 중심으로 공전과 자전으로 인한 원심력으로 납작해지며 원시태양계 중심에는 블랙홀이 만들어진다.

3. 우리은하 주변의 수소는 압력이 낮은 태양계 블랙홀을 통하여 빨려 들어가 원심력으로 계속 순환하며 자전하는 원시태양계와 순환하는 수소 사이에는 열 교환과 마찰에 의하여 정전기가 발생하게 된다.

4. 자전을 하며 수소를 순환시키는 원시태양계는 ⊕전하를 띠게 되고 태양계 블랙홀을 통하여 순환하는 수소는 ⊖전하를 띠게 된다.

5. 자전하는 원시태양계의 ⊕전하에 상당하는 양만큼 ⊖전하를 띤 수소가 은하계에서 분리되어 태양계 블랙홀을 통하여 순환하며 태양계 블랙홀 엔진이 만들어진다.

6. 태양계 블랙홀 엔진의 가동으로 뜨거운 기체 상태의 작은 암석

입자들이 순환하는 수소와 함께 외곽으로 밀려나와 굳어서 오르트구름이 만들어진다.

7. 이어서 순환하는 수소와 함께 외곽으로 밀려난 뜨거운 기체 상태의 암석 물질이 뭉쳐서 만들어진 소행성들이 띠를 이루어 카이퍼 벨트가 만들어지게 되며 화성과 목성 사이 존재하는 소행성에 비하여 기체를 많이 함유한 다공질로 형체가 일정하지 않으며 밀도가 작은 특징을 갖고 있다.

8. 이와 같은 방법으로 태양계 행성들과 위성들이 바깥쪽에서부터 순서대로 명왕성, 해왕성, 천왕성, 토성, 목성, 화성, 지구, 금성과 수성이 분리된다.

9. 마지막으로 금성과 수성으로 분리되며 동시에 태양계 블랙홀은 사라지게 되며 태양계의 모든 행성들은 완성되어 사라진 태양계 블랙홀을 중심으로 공전과 자전을 한다.

10. 고온의 기체 상태인 태양계 블랙홀 엔진 외곽으로부터 분리되고 냉각되어 자전을 하는 행성이 되기 위해서는 기체 상태로 자전을 하면서 태양계 블랙홀 엔진을 1회전 이상 공전을 하여야 무거운 물질들이 행성중심에 자리를 잡을 수 있고 냉각되어도

자전을 할 수 있는 충분한 힘이 생기게 된다.

11. 태양계 행성들이 명왕성을 시작으로 외곽으로부터 분리되기 시작하여 금성과 수성을 마지막으로 순서대로 시간차를 두고 분리되었지만 거의 동시에 행성이 완성된다.

12. 가장 먼저 분리된 명왕성은 응축 온도가 낮아 서서히 냉각되어 1회전 공전주기 248년 만에 명왕성이 완성되었지만 이와 반대로 가장 늦게 분리된 수성은 응축 온도가 높아 88일 만에 공전 궤도와 자전축이 고정되어 수성이 완성 되었다.

13. 원시 태양계에서 분리되어 오르트구름, 카이퍼 벨트가 만들어지고 명왕성을 시작으로 금성과 수성이 만들어질 때까지 걸린 시간은 명왕성의 공전주기와 같은 약 248년 정도 걸렸다고 볼 수 있으나 우주의 시간에서 보면 분리된 순서가 별 의미가 없다고 할 수 있지만 태양계와 우주의 생성과정과 순환 원리를 설명하기 위해서는 외곽으로부터 행성이 분리된 순서의 방향성이 매우 중요한 의미를 갖는다.

14. 금성과 수성을 마지막으로 행성들이 모두 완성 냉각되어 빛을 잃고 시야에서 사라지게 되면 행성들이 만들어지는 과정에서

행성들의 에너지를 모두 흡수한 ⊖전하 띤 수소들이, 사라진 태양계 블랙홀의 빈자리 모두 모여 원시 태양이 만들어진다.

15. 태양계 행성들을 냉각하는 과정에서 발생한 열을 모두 흡수하고 중심의 압력과 온도가 매우 높아진 수소로 이루어진 원시 태양은 행성들과의 강한 전자기적인 충격으로 점화되어 수소 핵융합을 시작하여 현재의 태양이 탄생하게 된 것이다.

16. 태양계 중심에 강력한 ⊕전하를 띤 원시 태양이 탄생하게 되어 태양계 전체질량의 약 99%를 차지하는 거대한 태양과 태양계 행성들 사이에는 강력한 전자기적 충격이 발생한다.

17. 태양계행성들이 분리된 순서대로 공전 속도가 순차적으로 줄어들어 수성이 가장 느리게 공전하였지만 거대한 태양의 탄생으로 태양계 행성들 사이에 강력한 중력과 전자기적 반발력이 작용하여 지금처럼 행성의 공전 속도가 태양에 가까운 순서대로 빠르게 변하였다.

18. 태양계의 행성들이 모두 만들어지고 어느 날 갑자기 태양계의 중심에 거대한 태양이 탄생하여 태양계가 밝아지며 얼어붙은 지구에 매시간 $1.4\text{kW}/\text{m}^2$의 막대한 에너지를 공급하게 되어 태

양보다 먼저 만들어진 지구에 어떠한 증거보다 확실한 화석으로 고스란히 남아 태양의 탄생시기를 알려주고 있었지만 아무도 그 의미를 알지 못했다.

19. 지금으로부터 약 5억 4천 3백만 년 전~5억 3천 8백만 년 전 약 500만 년 동안에 바다의 생물 종이 폭발적으로 탄생하게 되는데 진화론과 창조론을 주장하는 학자들의 주장이 엇갈리고 있는 "고생대 캄브리아기 생물 대폭발"의 원인이 태양의 탄생이었으며 계속해서 생물 종이 늘어난 것이 아니고 현재는 오히려 그때 번성하던 많은 생물 종이 사라졌다.

20. 지구상에 갑자기 수많은 생물들의 탄생하게 되어 신(神)에 의하여 창조되었다고 밖에 달리 설명할 방법이 없어 창조론을 주장하는 학자와 진화론을 주장하는 학자들 사이에서 많은 논란이 되고 있는 고생대 캄브리아기 생물 대폭발 시기는 태양이 탄생한 연대를 가늠할 수 있는 유일하고 강력한 증거이다. 태양의 탄생 시기는 고생대 캄브리아기 생물 대폭발 시기보다 조금 앞선 지구 최초의 빙하기가 끝나는 시점인 지금으로부터 약 5억 8천만 년 전이라고 추정할 수 있다.

PART IV

우리은하에서 원시태양계가 분리되는 과정

1. 은하단을 중심으로 공전과 자전을 하는 우리은하

우리은하는 우리은하단을 중심으로 공전과 자전을 하고 있어 원심력에 의하여 우리은하 중심에는 커다란 블랙홀이 만들어져 압력이 낮은 블랙홀을 중심으로 외곽에 있는 수소, 헬륨 등과 같은 가벼운 가스들이 빨려 들어가 열을 흡수하여 원심력에 의하여 계속 순환하며 우리은하를 냉각하게 된다.

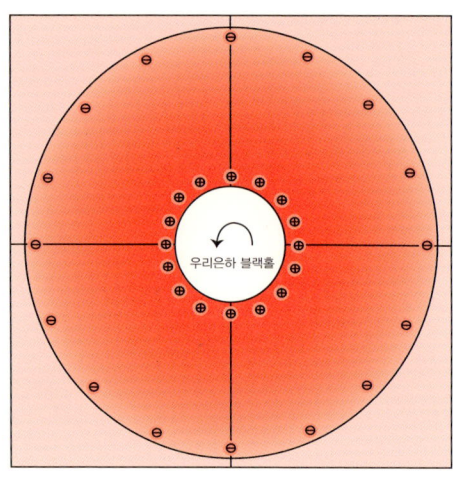

자전에 의한 원심력으로 우리은하 중심에 만들어진 블랙홀을 통하여 순환하는 수소, 헬륨 등과 같은 가벼운 가스와의 마찰에 의하여 열 교환과 정전기가 발생하여 우리은하 중심부에는 ⊕ 전하를 띠게 되고 우리은하 외곽부에는 ⊖전하를 띠게 되어 우리은하는 전자기적으로 안정된 상태를 유지한다.

2. 우리은하 외곽에 태양계 고리가 만들어지다

은하단을 중심으로 공전과 자전을 하며 우리은하 중심의 블랙홀을 통하여 순환하는 수소, 헬륨과 같은 가벼운 가스들에 의하여 냉각된 우리은하 외곽의 온도가 낮아지게 되어 기체 상태의 물질들이 우

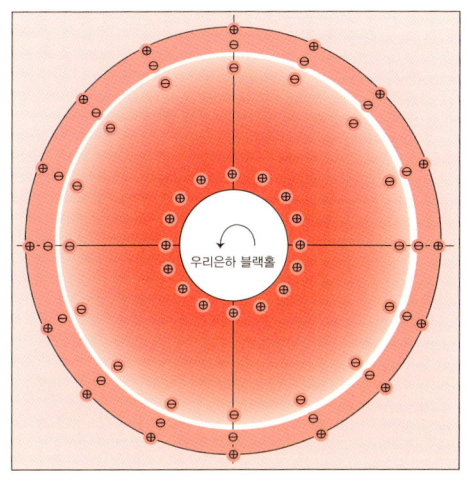

리은하 외곽에서 냉각되고 체적이 감소하여 우리은하 외곽에는 물리적 성질이 서로 다른 물질들의 경계 구역에 태양계의 고리가 만들어진다.

우리은하와 태양계 고리의 분리되는 부분 양쪽이 모두 ⊖전하를 띄게 되어 마치 막대자석을 부러뜨린 것처럼 서로 반발력이 생기고 상대적으로 온도가 낮은 고리 바깥쪽은 냉각되어 밀도가 높아지게 된다.

태양계 고리가 만들어지면 온도가 낮은 고리 외곽에는 무거운 물질들이 응축되어 ⊕전하를 띄게 되고 가벼운 물질들은 우리은하와의 경계 쪽으로 재배치되어 ⊖전하를 띄게 되어 반발력으로 경계구역은 점점 벌어지게 된다.

3. 우리은하에서 태양계의 고리가 끊어지며 분리되다

타원형 원반인 우리은하 중심에서 멀고 차가운 곳으로 태양계물질들이 모이게 되고 동시에 우리은하의 가까운 곳은 상대적으로 온도가 높고 분자 간의 운동이 활발하기 때문에 분자간의 거리가 멀어지게 되어 태양계의 고리는 끊어지고 우리은하에서 멀리 떨어진 차가

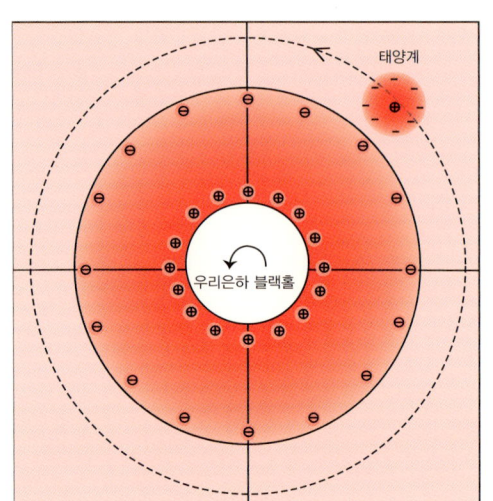

운 곳에서 응축되어 급속히 체적이 감소하며 한곳에 모여 원시태양계가 탄생하게 된다.

우리은하와의 경계쪽에 ⊖전하를 띄고 있던 물질들이 태양계 고리 외곽의 ⊕전하를 띈 무거운 물질들을 중심으로 모여 우리은하에서 분리된 원시태양계는 서로의 인력과 전자기력에 의한 반발력으로 단단히 결속되어 우리은하와 일정한 거리를 유지하며 우리은하를 중심으로 우리은하의 같은 방향으로 공전과 자전을 하게 된다.

4. 원시태양계의 자전과 블랙홀이 만들어지는 과정 설명

우리은하에서 분리된 원시태양계는 우리은하와 같은 방향으로 자전을 하며 우리은하를 중심으로 공전하게 된다.

공전하는 원시태양계의 우

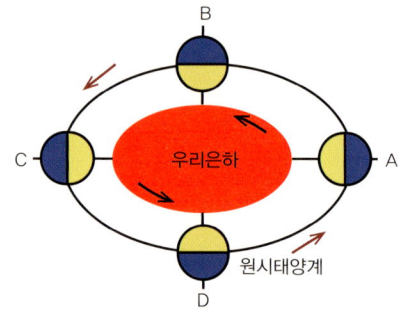

리 은하 쪽은 고온 구역으로 뜨거워져서 체적이 팽창하여 압력이 높아지고 그 반대쪽 저온 구역은 수축하여 체적이 줄어들어 압력이 낮아지므로 고온 구역에서 가열되어 뜨거워진 물질들이 저온 구역으로 태풍처럼 흐르게 된다.

위의 그림에서처럼 원시태양계의 공전궤도 상에서 A, B, C, D 위치에 따라 고온 구역과 저온 구역이 우리은하의 자전 방향 같은 방향으로 변하게 되어 북극에서 바라보았을 때 우리은하의 자전 방향과 같은 반 시계 방향으로 공전과 자전을 하게 된 원시태양계는 원심력에 의하여 납작한 접시 모양을 하며 중심에는 태양계 블랙홀이 만들어진다.

5. 태양계 블랙홀 엔진의 가동과 찌그러진 공 모양의 원시태양계

우리은하에서 분리된 태양계 블랙홀에는 우리은하 외곽의 수소가 빨려 들어가 원시태양계를 냉각하고 가열되어 가벼워진 수소는 계속해서 순환하며 태양계 블랙홀 엔진이 가동된다.

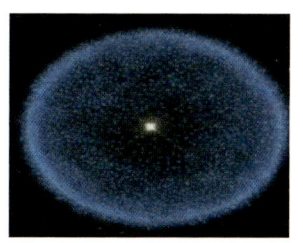

순환하는 수소와의 마찰에 의하여 뜨거운 암석 물질로 이루어진 태양계 블랙홀 엔진의 ⊕전하량에 상당하는 양만큼 ⊖전하를 띤 수소가스들이 모여들어, 찌그러진 공 모양의 원시 태양계는 우리은

하를 중심으로 공전과 자전을 한다.

　이때 중심의 ⊕전하를 띤 암석 물질과 바깥쪽의 ⊖전하를 띤 수소와의 질량 비율은 우리은하와 원시태양계가 동일하게 되어 우리은하와 태양계 모두 전자기적으로도 안정된다.

　원시태양계가 찌그러진 모습을 하는 이유는 원시태양계 중심은 접시 모양의 원반형이지만 기체 상태 암석 물질들의 온도는 중심으로 갈수록 매우 높으며 전체적인 에너지의 분포는 찌그러진 공 모양을 하게 되지만 수소는 무색투명하기 때문에 보이지 않고 자전하는 태양계 블랙홀 엔진만 보이게 된다.

PART V

태양계의 생성과정과 순환 원리

오르트구름

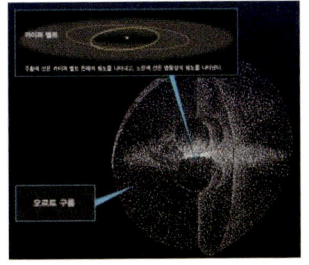

오르트구름(Oort cloud)은 장주기혜성의 기원으로 알려져 있으며 태양계를 껍질처럼 둘러싸고 있다고 생각되는 가상적인 천체 집단을 말한다. 그리고 이것은 네덜란드의 천문학자 얀 오르트(Jan Hendrik Oort)가 장주기혜성과 비주기혜성의 기원으로 발표하여 붙여진 이름이다.

오르트구름은 일반적으로 태양에서 약 1만AU, 혹은 태양의 중력이 다른 항성이나 은하계의 중력과 같아지는 약 10만AU 안에 둥근 껍질처럼 펼쳐져 있다고 추측된다. 그 존재는 혜성의 궤도장반경과 궤도경사각의 통계에 의거한 것이며, 가정된 영역에서 천체를 직접 관측한 것이 아니기 때문에 가설일 뿐이지만 현재 그 가설은 거의 확실시 되고 있다.

1. 오르트구름이 만들어지는 과정

태양계 블랙홀 엔진이 계속 가동하여 블랙홀을 통하여 빨려 들어간 수소는 태양계 블랙홀 엔진에 의하여 압축, 가열, 팽창하며 태양계 블랙홀 엔진을 냉각하며 순환한다. 이때 수소가 태양계 블랙홀 엔진을 순환하는 과정에서 여러 물질이 혼합되어 굳는 온도가 비교적 낮아진 태양계 구성 물질들이 외곽으로 밀려나와 찌그러진 공 모양의 구름 형태로 태양계 외곽에 자리 잡게 되는데 이것을 오르트구름이라 하며 장주기 혜성의 기원으로 알려져 있다. 오르트 구름에는 태양계의 모든 구성 성분들이 적은 양이지만 모두 포함되어 있어 오르트구름이 뭉쳐서 태양계의 행성들이 만들어졌다고 착각할 수도 있다.

장주기혜성 67P 수증기 성분 분석(2014년 12월 11)
美항공우주국(NASA)은 11일 유럽우주국(ESA)이 쏘아 올린 로제타 탐사선의 로시나계측기로 측정한 결과 67P 혜성 수증기의 구성성분이 지구에서 발견된 성분과 엄청나게 다르다는 것을 발견했으며, 이에 따라 지구상에 있는 물의 기원이 어디인지에 대한 논란이 재점화되고 있다고 밝혔다.

지구토양의 물이 67P 혜성에서 오지 않았음을 보여주는 로제타 탐사선의 이온 및 중성 분석스펙트럼계측기(ROSINA, 로시나) 데이터 분석 결과는 10일 자 사이언스 잡지에 실렸다.

카이퍼 벨트(Kuiper Belt)

카이퍼 벨트(Kuiper Belt)는 태양계의 해왕성 궤도(태양에서 약 30AU)

보다 바깥이며, 황도면 부근에 천체가 도넛 모양으로 밀집한 영역이다. 바깥쪽의 경계는 애매하나 바로 오르트구름과 이어져 있으리라 생각된다. 약 30~50AU 정도 분포한 카이퍼 벨트는 보통 단주기혜성의 기원으로 보고 있다. 카이퍼 벨트에 있는 천체를 카이퍼 벨트 천체(KBO, Kuiper Belt Object)라고 한다. 주로 물과 얼음으로 된 작은 천체로 보통 소행성으로 취급하며 왜소행성으로 밀려난 명왕성도 카이퍼 벨트 천체로 분류하고 있다.

지난 2006년 발사된 뉴호라이즌스호는 인류 최초의 명왕성 탐사선으로 2015년 7월경 명왕성에 1만 km까지 근접할 예정이며 이후 카이퍼 벨트에 진입해 관련 정보를 지구로 전송할 예정이다.

2. 카이퍼 벨트가 만들어지는 과정

오르트 구름과 마찬가지로 순환하는 수소와 함께 외곽으로 밀려나온 뜨거운 기체 상태의 태양계 구성 물질이 자전을 하기에는 온도차가 충분치 않아서 블랙홀이 만들어지지 않고 그 자리에서 태양을 중심으로 공전을 하는 작은 소행성들이 모여 띠를 이룬 것을 카이퍼 벨트라고 한다. 카이퍼 벨트에는 명왕성처럼 자전을 하는 왜소행성들도 있으며 대개는 즉시 굳어 동주기자전을 하는 소행성들이 대부분이다.

카이퍼 벨트의 소행성들도 오르트 구름과 마찬가지로 태양계의 여러 성분들이 포함되어 있어 낮은 온도에도 굳지 않고 외곽까지 기체 상태로 밀려나올 수 있었으며 화성과 목성 사이의 소행성에 비하여 많은 가스를 포함하여 다공질로 이루어져 형체가 일정하지 않으며 밀도가 작은 특징을 갖고 있다. 여러 물질이 혼합되면 순수한 물질에 비하여 분자 간에 서로 당기는 힘이 약해져서 낮은 온도에도 굳지 않고 기체 상태로 외곽으로 밀려나올 수 있으며 냉각되어 고체 상태로 되면 중심에 핵을 갖게 되어 전자기적으로 안정되어 주변 전하의 영향을 받지 않고 그 자리에서 공전하게 되는 것이다.

명왕성

1930년에 클라이드 톰보(Clyde William Tombaugh)에 의해 명왕성이 발견되었다. 발견 당시에 천문학자들은 명왕성이 행성 X라고 생각하였으나, 명왕성의 질량은 해왕성의 궤도를 설명하기엔 너무 작아 행성 X에 대한 탐색은 그 후에도 계속되었다. 2006년 8월 24일, 국제천문연맹 IAU 총회에서 태양계 행성의 정의가 결정되면서 태양계의 행성은 해왕성까지 8개로 줄었고, 명왕성은 왜소행성으로 분류되었다.

명왕성의 위성은 5개가 발견되었으며 1978년 6월 미국 해군천문대(The U. S. Naval Observatory)의 크리스티(James Christy)가 명왕성의 위성 카론을 발견하였다. 카론은 지구에서 볼 때 명왕성과 거의 나란히 붙어 있는데 명왕성의 중심에서 카론의 중심부까지의 거리는 약 19,600km이다. 이 거리는 지구에서 간신히 관측할 수 있는 한계 거리이다. 카론이 주기적으로 명왕성을 한 바퀴 도는 데(공전주기)는 약 6.4일 걸리는데 이는 명왕성의 자전주기와 똑같다. 따라서 명왕성과 카론은 서로 같은 면만을 바라보며 공전을 하고 있다. 그리고 질량도 모 행성과의 상대질량이 가장 큰 위성으로 명왕성의 1/8이다. 그래서 일부 천문학자들은 명왕성과 카론을 왜소행성과 위성의 관계가 아니라 쌍둥이 천체라고 보기도 한다.

【서울=뉴시스】2014년 12월 6일(현지시간) 미국 항공우주국(NASA)은 지난 2006년 발사한 이 탐사선이 동면에서 깨어났으며 내년 1월 인류 사상 최초의 명왕성 탐사를 시작한다고 밝혔다고 스페이스 닷컴 등 언론이 이날 전했다. 뉴호라이즌스호는 6주간의 준비를 거친 뒤 내년 1월15일부터 6개월간 본격적인 명왕성 탐사에 들어간다. 뉴호라이즌스호 개념도.(사진출처: 스페이스 닷컴)

3. 명왕성이 만들어지는 과정

명왕성은 태양계의 왜소행성으로 분류되어 행성은 아니지만 특이한 특성을 갖고 있어 흥미롭기 때문에 이 책에서는 다른 가스형 행성과 동일하게 다루기로 한다.

자전하는 태양계 블랙홀 엔진 외곽에서 냉각 분리되어 기체 상태인 명왕성은 태양계 블랙홀 엔진을 중심으로 공전과 자전을 하게 되어 중심에는 명왕성 블랙홀이 만들어진다.

명왕성 블랙홀 엔진을 중심으로 외부의 메탄, 질소와 같은 가스의 순환에 의하여 냉각되며 명왕성은 규모가 작고 공전궤도가 긴 타원형으로 거의 직선운동에 가까워 행성보다 혜성에 가까운 특성을 보이며 공전궤도에 대하여 누워서 자전을 하게 된다.

명왕성 블랙홀 엔진은 순수한 물질이 아닌 여러 물질이 혼합되어 굳는 온도가 비교적 낮아 오랫동안 자전을 하게 되어 순환하는 가스와 명왕성 블랙홀 엔진 사이에는 많은 정전기가 발생하게 된다. 외곽으로부터 명왕성의 위성들이 모두 만들어지고 명왕성의 블랙홀이 사라지면 순환하는 ⊖전하를 띤 많은 가스가 ⊕전하를 띤 중심핵으로 모여 명왕성이 만들어지게 되는데 오랫동안 자전을 하였기 때문에 많은 정전기가 발생하여 작은 중심핵에 비하여 많은 대기를 보유하게 된다. 이렇게 많은 대기를 보유한 행성을 가스형 행성이라 하며 명왕성은 규모는 작지만 카론 외에도 4개의 작은 위성을 거느리고 있다고 알려져 있다.

4. 누워서 자전하는 명왕성

명왕성은 북극에서 바라보았을 때 다른 행성들과 같은 반 시계 방향으로 공전과 자전을 하게 되는데 다른 행성들과 다르게 누워서 자

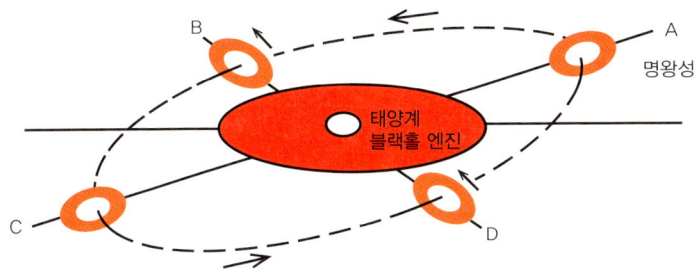

전을 하고 있으며 그 원리는 다음과 같다.

　태양계 블랙홀 엔진에 의하여 가열된 기체 상태의 명왕성 구성 물질들은 혜성과 같은 성질을 나타내며 반대쪽 냉열 구역에 꼬리를 만들게 된다.

　고온 구역에서 가열된 기체 상태의 명왕성 구성 물질들이 꼬리 부분에서 냉각 수축되어 체적이 급격하게 감소되어 압력이 낮아지게 되어 저온 구역으로 빠른 속도로 흐르게 된다.

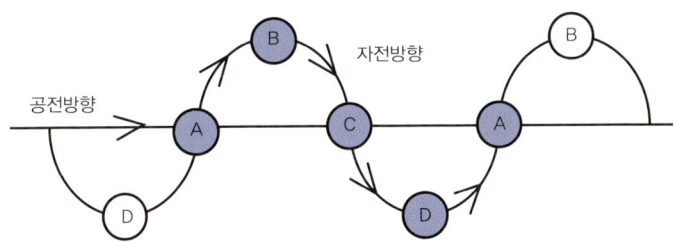

　명왕성은 규모가 작고 공전주기가 길며 구성성분이 혜성에 가까워 일반 행성들과 다르게 공전 위치 변화에 따른 고온과 저온 구역의 변화가 좌우로 생기지 않고 상하로 생기게 되는데 태양계 블랙홀 엔진의 두께에 의하여 태양적도면과 어긋난 공전궤도의 원인으로 고온과 저온 구역의 위치 변화에 따라 누워서 자전을 하게 된다.

고온 구역에서 가열된 기체 상태의 명왕성 구성 물질들은 온도와 압력이 낮은 꼬리 쪽으로 흐르면서 순환하게 된다. 공전궤도 진행방향 뒤쪽에서 바라보았을 때 A, B, C 구역에서는 시계방향으로 자전을 하고 C, D, A 구역 에서는 반시계방향으로 자전을 한다.

명왕성과 명왕성위성 카론은 C, D, A 구역에서 동시에 굳어 고체로 되어 그림과 같이 반시계 방향으로 자전 방향이 고정된 것이다.

5. 명왕성과 카론은 쌍둥이별

명왕성 블랙홀 엔진의 가동으로 냉각되어 외곽으로부터 순서대로 4개의 명왕성의 위성이 만들어진 후 마지막으로 명왕성과 카론은 동시에 만들어진 쌍둥이 별이다.

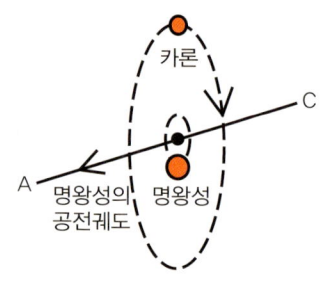

쌍둥이별인 명왕성과 카론은 서로 공전주기가 같아 사라진 블랙홀을 중심으로 공전을 하게 되는데 명왕성과 카론이 서로 묶여 있는 듯이 서로 같은 얼굴만 보며 아무것도 없는 빈 공간을 중심으로 공전을 하는 모양이 신기해서 그 중심에 강한 중력을 갖고 있는 무엇인가 있다고 생각하는데 아무것도 없는 사라진 명왕성 블랙홀의 빈자리 이다.

천문학자들은 명왕성의 자전주기와 카론의 공전주기가 같다고 하는데 명왕성은 카론과 함께 사라진 명왕성 블랙홀 중심을 축으로 공전을 하고 있기 때문에 명왕성과 카론은 쌍둥이별이다.

6. 명왕성과 카론이 대기를 공유하는 원리

명왕성 블랙홀 엔진의 작동으로 명왕성의 위성이 분리되고 명왕성과 카론으로 분리되고 나면 명왕성 블랙홀은 사라지게 되는데 명왕성 블랙홀 엔진을 순환하던 메탄과 질소가 모여 명왕성과 카론의 대기가 된다. 대기를 공유하게 되는 원리는 명왕성 블랙홀 엔진을 순환하는 가스와의 마찰에 의하여 정전기가 발생하여 ⊖전하를 띤 순환하는 가스는 ⊕전하를 띤 명왕성과 카론의 대기가 되는데 명왕성과 카론은 서로 인접하여 있는 쌍둥이 별이기 때문에 대기를 공유하게 된 것이다.

명왕성, 위성 카론과 대기권 공유하나? (서울신문 2014. 06. 09)

태양계 아홉 번째 행성에서 탈락해 왜소행성으로 전락한 명왕성이 자신과 쌍성을 이루는 가장 큰 위성인 카론과 대기를 공유하고 있을 듯하다. 천문학자들의 시뮬레이션을 통해 명왕성 대기에 있는 질소가 카론으로 향하고 있는 것을 확인했다고 영국 과학 잡지 뉴사이언티스트가 6일(현지 시간) 보도했다. 이런 현상이 실제로 확인되면 명왕성과 카론은 대기권을 공유하는 행성과 위성의 첫 번째 사례가 된다. 카론은 명왕성의 절반 크기로 이 위성이 명왕성을 도는 궤도는 지구를 도는 달보다 훨씬 가깝다.

1980년대 연구에서 두 천체는 가스 교환의 가능성이 시사된 바 있었지만, 당시 연구는 명왕성의 대기가 주로 메탄으로 구성돼 있어 가스가 상대적으로 높은 속도로 탈출하고 있다고 가정했다.

천문학자들은 지구에 있는 천체 망원경을 사용해 명왕성에서 오는 빛을 상세히 관측하고 이를 스캔해 이 왜소행성의 조성에 대한 실마리를 얻을 수 있었다. 그 결과, 명왕성의 대기는 주로 질소로 이뤄져 있으며 탈출 속도는 낮은 것으로 밝혀졌다. 참고로 질소는 메탄보다 무겁다. 연구를 이끈 로버트 존슨 미국 버지니아대학 교수는 "카론이 이런 과정에서 대기를 얻고 있다고 해도 그간 이를 관측하기에는 너무 얇은 것으로 여겨졌다."고 말했다.

이제, 존슨 교수팀은 명왕성의 초고층대기에 대한 모델을 업데이트했다. 이는 질소 분자가 움직이며 서로 충돌하는 운동성을 고려하도록 한 것이다. 연구팀의 시뮬레이션은 왜소행성 명왕성의 대기가 지금까지 생각했던 것보다 따뜻하고 이전 예측보다 3배나 두꺼운 것을 보여준다. 이는 명왕성의 일부 가스가 카론의 중력에 끌려 이 위성의 대기를 얇게 덮을 정도의 충분한 공간까지 퍼진 것을 의미한다.

미국항공우주국(NASA)의 뉴호라이즌스호는 오는 2015년 7월 명왕성계를 지날 예정이다. 이 비행선에 탑재된 장비는 카론 주위에 대기가 존재하면 이를 자동으로 인식하고 구성을 해명하게 된다고 이 임무를 이끌고 있는 사우스웨스트 연구소의 앨런 스턴 박사는 말했다.

카론 주변 가스의 성질과 농도를 아는 것은 이 위성의 대기가 명왕성에서 흘러나온 것인지 또는 다른 방법으로 만들어진 것인지를 결정하는 데 필요하다. 즉 카론 내부 가스가 간헐천이나 배출구를 통해 빠져나와 얇은 대기를 형성할 수도 있는 것이라고 한다. 스턴 박사의 최신 연구는 카론 표면에 혜성 충돌이 가스 구름을 방출하고 일시적으로 대기를 형성하는 것을 보여준다.

하지만 명왕성과 카론이 대기를 공유하고 있으면 이 왜소행성계는 두 천체 사이에서 '가스전이'가 일어날 수 있는 실례가 되므로, 은하의 다른 곳에서도 일어날 수 있는 현상으로 기존 모델을 개정하도록 하는 것이다. 존슨 교수는 "쌍성과 주성의 근처에 있는 외계행성의 경우, 천문학에서는 항상 일어나고 있다고 생각할 수 있다"면서 "계산과 컴퓨터 모델은 하나의 가능성이지만, 우리에게는(명왕성과 카론에) 접근 비행해 시뮬레이션을 직접 테스트할 우주선(뉴호라이즌스호)이 있어 매우 흥분된다"고 말했다.

해왕성

해왕성의 대기는 천왕성의 대기와 매우 비슷하다. 80% 정도가 수소로 구성 되어 있고, 약 19%는 헬륨 나머지는 에탄, 메탄 등으로 이루어져 있다. 그리고 대기의 적색광 흡수와 청색의 반사로 인해 해왕성은 전체적으로 청색을 띤다. 해왕성의 대기 구성은 천왕성과 매우 비슷하지만 대기의 흐름은 해왕성이 상대적으로 활발할 것이다. 이는 천왕성에서는 볼 수 없었던 대기의 회오리가 해왕성에서는 보이기 때문에 추측할 수 있는 것이다. 해왕성에서의 대기의 회오리는 '대암점(또는 대흑점, Great Dark Spot)'이라 불린다.

온도

해왕성의 온도 또한 천왕성과 비슷하다. 평균온도는 −214°C로 태양에 받는 열에 비해 방출하는 열이 많다. 이는 곧 목성과 토성처럼 열원이 존재한다는 것으로 추측 할 수 있으며 같은 방법인 중력 에너지의 효과로 볼 수 있다. 해왕성의 위성은 14개가 발견되었으며 트리톤은 다른 위성들과는 달리 역행을 하고, 목성의 이오와 토성의 타이탄과 함께 대기를 가진 위성이다.

내부 구조

해왕성의 크기는 약 24,766km이며, 질량은 약 1.02×10^{26}kg, 밀도는 1,638kg/m³ 정도로 천왕성과 매우 비슷하다. 따라서 내부구조 또한 비슷하 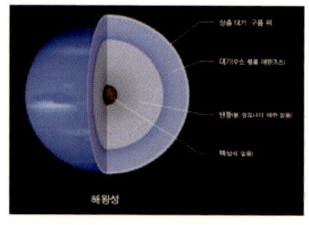 다고 추측되어진다. 즉 목성과 토성의 내부에 존재하는 액체금속 수소는 상대적으로 내부 압력이 작은 해왕성에는 존재 할 수 없을 것이고, 대기에 있는 메탄과 암모니아의 얼음이 이온화되어 존재 할 것으로 추측되어진다. 그리고 목성에 비하여 낮은 압력과 비슷한 정도의 밀도 그리고 낮은 온도 등을 보았을 때 해왕성의 내부 또한 천왕성과 비슷하게 수소와 헬륨 함량이 적고 암석과 얼음이 존재할 것으로 생각되고 있다.

자전

해왕성의 자전축은 공전 면에 비해 약 29.6° 기울어져 있다. 그리고 약 16.08 시간을 주기로 자전을 하며, 천왕성에 비해 평범하다고 볼 수 있다.

궤도해왕성은 태양으로부터 약 45억km 떨어져서 공전을 한다. 해왕성의 궤도는 거의 원에 가까울 정도로 이심률이 작고 가장 멀어질 때와 가까워지는 차이가 1억km 이하로 이는 궤도 반지름에 비해 매우 작은 것이다. 해왕성은 태양 주위를 약 23.5km/s의 속도로 약

163.7년에 한 바퀴 돈다.

자기장

미지에 싸여있던 해왕성의 자기장은 보이저 2호가 근접해서 관측한 후에야 많이 알려졌다. 관측된 해왕성의 자기장 세기는 지구의 약 0.4배 정도이다. 그리고 천왕성과 마찬가지로 해왕성의 자기 축은 자전축에 대하여 크게 기울어져 있다. 이런 현상이 왜 나타나는지는 아직까지 연구 중이다.

고리

해왕성의 고리는 천왕성의 고리 발견 방법으로 하여금 밝혀졌다. 직접 관측하기는 어려웠으나 해왕성이 배경의 별을 가리는 식을 일으킬 때, 별빛의 밝기 변화로 해왕성 고리의 존재를 알았다. 하지만 직접 확실하게 본 것은 보이저 2호 덕택이었다. 고리를 가지고 있는 다른 행성들처럼 해왕성도 여러 개의 고리들로 이루어져 있다.

해왕성 또한 다른 거대 행성들처럼 여러 개의 위성들을 가지고 있다. 해왕성의 위성 중 가장 큰 것은 1846년 러셀(William Russel)에 의해 발견된 트리톤(Triton)이다.

그리스 신화에 나오는 포세이돈(해왕성)의 아들 이름을 딴 트리톤은 보이저 2호에 의해 많은 자료가 제공되었다. 트리톤의 지름은 약 2,710km로 지구의 위성(달)보다 크며, 질량은 약 2.16×10^{22}kg으로 지구의 약 3.5배나 된다. 또한 트리톤은 해왕성을 약 5.88일에 한번 꼴로 일주한다. 보이저 2호가 보여준 트리톤은 추측했던 것보다 더 작고 더 밝으며 핑크색과 푸른색을 띄고 있었다. 그리고 질소 입자들로 이뤄진 트리톤의 얼음 화산은 수 km의 높이까지 솟아올랐다가 가라앉으며, 주성분인 질소 이외에 메탄과 암모니아가 가득 찬 호수도 있다는 사실을 발표해 천문학자들의 관심을 끌었다.

7. 해왕성의 대기와 고리가 생기는 원리

해왕성의 14개의 위성이 밖에서부터 순서대로 모두 만들어지고 암석 물질로 이루어진 해왕성의 중심핵이 만들어지면서 동시에 해왕성 블랙홀이 사라진다.

해왕성 블랙홀 엔진을 순환하며 해왕성의 위성을 냉각시키던 가스는 해왕성의 중심핵에 모여 수축하여 해왕성의 대기가 되며 해왕성이 완성된다. ⊖전하를 띤 가스 중에 포함되어 있던 기체 상태의 불순물들이 해왕성의 대기가 수축되는 과정에서 먼저 냉각되어 고체 상태로 되면 ⊕전하를 띤 중심핵을 갖게 되어 전자기적으로 안정되어 ⊕전하를 띤 해왕성 중심핵의 인력과 반발력이 균형을 이룬 그 자리에서 멈추어 고리를 이루고 해왕성과 함께 자전을 하게 된다. 이때 해왕성의 자전주기와 같으면 고리가 되는 것이고 자전주기가 다르게 되면 해왕성을 중심으로 공전을 하는 해왕성의 위성이 된다.

8. 해왕성이 만들어지는 과정

태양계 블랙홀 엔진은 오르트구름, 카이퍼 벨트, 명왕성을 만들며 규모가 작아지고 태양계 블랙홀을 통하여 순환하는 수소는 태양계 블랙홀 엔진으로부터 에너지를 흡수한다.

더욱 냉각되어 태양계 블랙홀 엔진에서 분리되어 해왕성 블랙홀이 만들어지게 되는데 해왕성 블랙홀 엔진도 명왕성과 마찬가지로 혜성과 같은 특성을 보이며 누워서 자전을 한다.

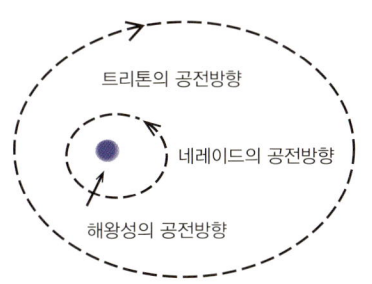

해왕성이 특이한 것은 고리를 가지고 있으며 14개 위성 중 가장 큰 위성인 트리톤의 공전 방향은 다른 위성과 다르게 해왕성의 자전 방향과 반대로 역주행을 하고 있다. 해왕성 블랙홀 엔진의 가동으로 수소, 헬륨, 에탄, 메탄 등이 순환하며 해왕성의 14개 위성 중 맨 바깥쪽 제일 큰 행성인 트리톤을 만들고 나머지 위성들이 차례대로 만들어진다.

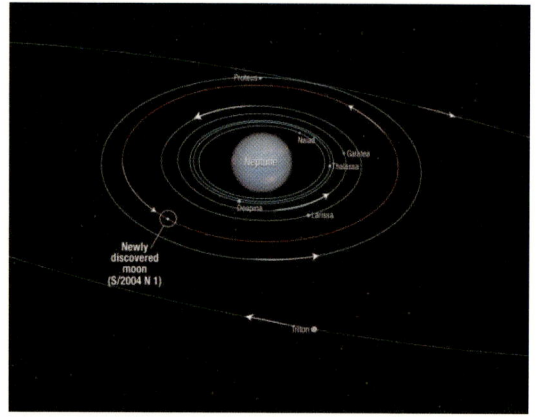

9. 해왕성의 위성 트리톤이 역주행하는 원리

해왕성도 명왕성과 마찬가지로 혜성의 특성을 보이며 태양계 블랙홀을 중심으로 공전을 하며 누워서 자전하는 행성은 저온 측에 꼬리가 형성된다. 고온 측에서 가열된 해왕성의 물질들이 저온 측 꼬리 쪽으로 순환을 하게 되는데 기체가 순환하는 방향이 위성이 만들어진 후에 공전 방향이 되는데 공전 방향 뒤쪽에서 바라보았을 때 A, B, C 구역에서는 시계 방향으로 회전을 하고 C, D, A 구역에서는 그 반대로 반시계방향으로 회전을 하게 된다.

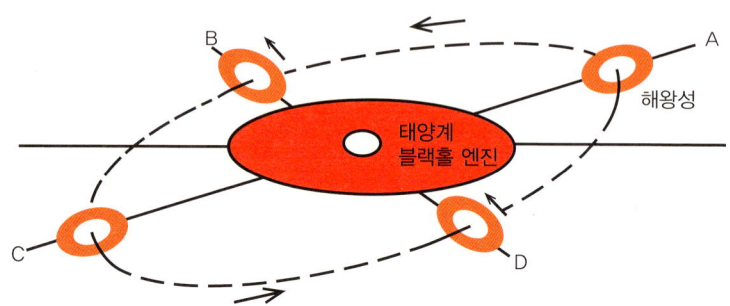

트리톤은 A, B, C 구역에서 냉각 분리되어 해왕성의 공전 방향 뒤쪽에서 바라보았을 때 시계방향으로 해왕성을 중심으로 공전을 하며 해왕성의 나머지 위성들은 C, D, A 구역에서 만들어져 해왕성의 자전 방향과 같은 반시계방향으로 해왕성을 중심으로 공전을 하게 되었으며 트리톤은 다른 행성들과 다르게 역주행을 하게 되었다.

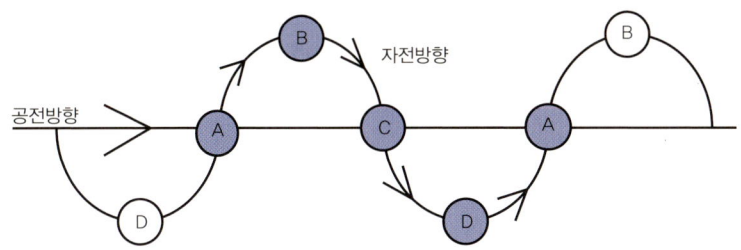

해왕성의 공전주기가 약 165년이므로 트리톤이 만들어지고 약 80~90년 후에 해왕성의 다른 위성들과 해왕성이 만들어지게 되었는데 이때 해왕성 블랙홀 엔진을 순환하던 수소, 헬륨, 에탄, 메탄 등은 마찰에 의하여 발생한 정전기로 인하여 달아나지 않고 해왕성 중심핵에 모여 해왕성의 대기가 된다.

천왕성

토성의 궤도를 넘어서면 청록색의 행성 천왕성이 존재한다. 천왕

성은 1781년 4월 천문학자이자 음악가인 허셜(William Herschel)에 의해 처음으로 발견되었다. 1781년 3월 그는 쌍둥이자리 근처에서 이상한 천체를 발견하였으나 이를 태양에서 멀리 떨어져 있어 꼬리가 아직 발달되지 않은 혜성일 것이라 생각했다. 이후 꾸준한 관측 결과 이 천체가 태양을 중심으로 공전하는 행성인 것을 확인 하였다.

천왕성은 육안이 아닌 망원경으로 발견된 최초의 행성이며, 전 세계 아마추어 천문학자들에게 희망을 주었을 뿐 아니라 발견된 궤도 위치가 독일의 천문학자 보데(Johann Elert Bode)가 주장한 보데의 법칙을 증명해주었다는 점에서 더 유명해졌다.

천왕성은 반지름 25,559km의 구형으로서 토성의 지름의 약 1/2 보다 조금 작고 목성 지름의 약 1/3에 해당한다. 그러나 지구보다는 약 4배나 크다. 망원경으로 보아도 아주 작고 흐려 크기를 결정할 수 없었던 천왕성의 지름을 측정할 수 있었던 것은 1977년 어떤 행성이 다른 별의 표면을 통과하는 엄폐(掩蔽) 현상이 이 천왕성에게 나타났기 때문이다. 이때 천왕성이 움직이는 속도와 별을 가리는 시간을 측정하여 계산한 결과 지금 우리가 알고 있는 천왕성의 지름을 계산할 수 있었던 것이다. 천왕성의 질량은 목성, 토성보다 작긴 하지만 지구의 약 15배에 이르는 8.7×10^{25}kg이다.

대기

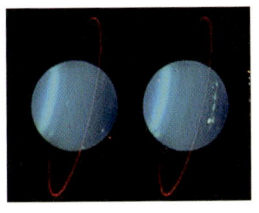

천왕성의 대기에는 수소가 약 83%, 헬륨이 15%, 메탄 2% 등이 포함되어 있다. 그리고 반사율이 높은 암모니아와 황이 대기의 깊숙이 있을 것이다. 천왕성의 대기는 태양빛의 적색 파장을 흡수하고 청색과 녹색 파장의 상당량을 반사하기 때문에 전체적으로 청록색을 띈다.

온도

적외선 관측에 의한 천왕성의 온도는 대략 −215℃이다. 이는 태양으로 받은 에너지보다 높게 방출되는 것으로 목성이나 토성과 같이 내부에 열원이 있을 것이라 추정된다. 그리고 추가로 방출되는 에너지는 목성과 토성, 해왕성에 비하여 매우 적은 편이다.

내부구조

천왕성의 내부는 목성, 그리고 토성과는 조금 다르다. 목성과 토성의 내부에는 높은 압력으로 인해 액체금속 형태의 수소가 존재하지만 천왕성은 내부 압력이 수소를 액체금속으로 변환시키기에는 부족할 것으로 추측된다. 따라서 대기에 있는 메탄과 암모니아의 얼음이 압력에 의해 이온화되어 존재 할 것으로 추측되어진다. 천왕성의 반지름은 약 25,559km, 질량은 약 8.7×10^{25}kg으로 밀도는 약

1,271kg/m³이다. 목성에 비하여 낮은 압력과 비슷한 정도의 밀도 그리고 낮은 온도 등을 보았을 때 천왕성의 내부에는 수소와 헬륨 함량이 적고 암석과 얼음이 존재할 것이다.

자전

천왕성의 자전은 매우 특이하다. 다른 행성과는 전혀 다르게, 자전축이 거의 황도면에 누워 있는 형태로 자전을 한다. 즉 천왕성의 적도면은 공전궤도면에 약 98° 기울어진 역회전을 하고, 주기는 약 -17시간정도('-'는 금성과 같은 역회전임을 뜻한다.)이다. 이 자전주기를 구하는 방법에는 많은 어려움이 있었다. 자전축이 너무 기울어져 있는 탓에 도플러 효과의 한계를 느꼈고, 지상관측에서의 자전주기는 큰 차이가 있었다. 적외선관측으로 실제 자전주기에 거의 근접한 값을 얻게 되었으나 최종적으로 보이저의 자기장 측정에서 천왕성의 자전주기를 결정할 수 있었다.

또한 자전축의 기울기로 인해 극 주변이 적도 주변보다 많은 태양열을 받지만 신기하게도 전체적으로 온도가 균일하다. 이 이유는 아직 해명되지 않았다. 천왕성은 태양으로부터 약 28억 8천만km 떨어진 곳에서 공전을 하고 있고, 공전주기는 대략 84년이다. 천왕성도 역시 다른 행성들과 같이 타원의 형태로 태양을 공전하고 있고, 태양과 가까울 때는 약 27억 4천만km, 멀리 있을 때는 약 30억 km까지 떨어진다. 그리고 다른 행성들에 비하여 느린 속도인 약 6.8km/s로 공전을 한다.

자기권

천왕성은 상대적으로 강한 자기장을 가지고 있다. 자기장의 축(자기장의 남쪽과 북쪽을 잇는 가상의 축)은 천왕성의 자전축에 비해 약 59° 기울어져 있다. 높은 에너지의 입자들이 천왕성의 자기 복사 대에 갇혀 있지만 지구에서 발견될 수 있을 만큼 강하지는 못했다. 그 입자들은 보이저2호에 의하여 발견되었다.

고리

천왕성의 고리는 처음에 지구에서 간접적인 방법에 의해 발견되었다. 천왕성의 물리적 특성을 알아보기 위해 식(천왕성이 배경의 별을 가리는 현상)을 관측하던 중 발견한 것이었다. 별빛이 천왕성에 가려지기 전에 수차례 밝기의 변화가 생겼고, 다시 나타날 때에도 같은 현상이 관측되었다. 이 관측으로 천문학자들은 별빛을 가리는 것은 천왕성의 고리라는 것을 알아냈다.

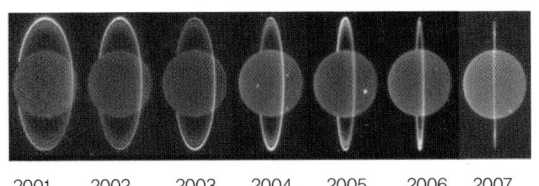

2001 2002 2003 2004 2005 2006 2007

이렇게 지구에서의 관측으로 9개의 고리들이 발견 되었다. 나머지 고리들은 보이저 2호와 허블 우주망원경으로 밝혀냈다. 천왕성의 고리가 지구에서 쉽게 발견되지 못한 것은 아주 어둡기 때문인데(토성 고리 밝기의 약 1/300만 정도이다), 이것은 토성의 고리가 빛의 대부분을 반사시키는데 반해 천왕성의 고리는 약 1%밖에 반사시키지 못하는 먼지와 소량의 검은 얼음알갱이로 이루어졌기 때문이다.

10. 천왕성이 만들어지는 과정

태양계 블랙홀 엔진은 오르트구름, 카이퍼 벨트, 명왕성과 해왕성으로 분리된 만큼 규모가 작아지고, 태양계 블랙홀을 통하여 순환하는 수소는 태양계 블랙홀 엔진으로부터 에너지를 흡수한다.

태양계 블랙홀 엔진은 더욱 냉각, 분리되어 천왕성 블랙홀이 만들어지게 되는데 명왕성, 해왕성과 마찬가지로 천왕성 블랙홀 엔진 또한 혜성과 같은 특성을 보이며 누워서 자전을 한다. 지금까지 27개의 위성이 발견되었으나 천왕성 블랙홀 엔진 외곽으로 부터 대표적인 위성 오베론, 티타니아, 엄브리엘, 아리엘, 미란다 등을 순서대로 만들고 순환하던 수소, 헬륨, 암모니아, 황 등의 가스들이 천왕성 핵을 중심으로 모여 천왕성이 완성된다.

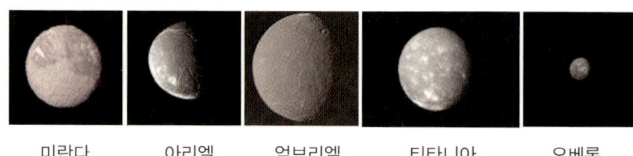

미란다   아리엘   엄브리엘   티타니아   오베론

11. 천왕성이 역회전하는 원리

태양계 블랙홀 엔진은 순환하는 수소에 의하여 냉각되며 오르트구름, 카이퍼 벨트, 명왕성, 해왕성이 분리된 후 태양계 블랙홀 엔진은 더욱 냉각, 분리되어 천왕성 블랙홀 엔진이 가동하여 수십 개의 위성을 거느린 천왕성이 분리되는데 누워서 자전하는 명왕성, 해왕성과는 다르게 천왕성은 역회전을 한다.

천왕성, 해왕성, 명왕성과 같이 누워서 자전하는 행성은 혜성의 특성을 보이며 태양계 블랙홀을 중심으로 공전하는 과정에서 저온 측에 꼬리가 만들어진다. 고온 측에서 가열된 천왕성의 구성 물질들이 상대적으로 온도가 낮은 꼬리 쪽으로 응축되며 순환을 하게 된다. 기체가 순환하는 방향이 위성의 공전 방향이 되는데 천왕성의 공전 방향 뒤쪽에서 바라보았을 때(아래 그림) A, B, C 구역에서는 시계 방향으로 회전을 하고 C, D, A 구역에서는 그 반대로 반시계 방향으로 회전을 하게 된다.

태양계 블랙홀 엔진에서 분리될 때 천왕성은 A, B, C 구역에서 냉각되어 시계방향으로 자전을 하게 되었으며 세분하여 본다면 태양계 블랙홀 엔진에서 분리되어 A, B 구역에서 천왕성의 위성들이 모두 만들어지고 블랙홀이 사라지며 B, C 구역에서 천왕성 중심핵이 만들어 졌다. 천왕성 블랙홀 엔진에 의하여 순환하던ㄱ⊖전하를 띤 수소, 헬륨, 메탄 등이 ⊕전하를 띤 천왕성 중심핵에 모여 대기를 이루며 현재의 천왕성이 만들어진 것이다.

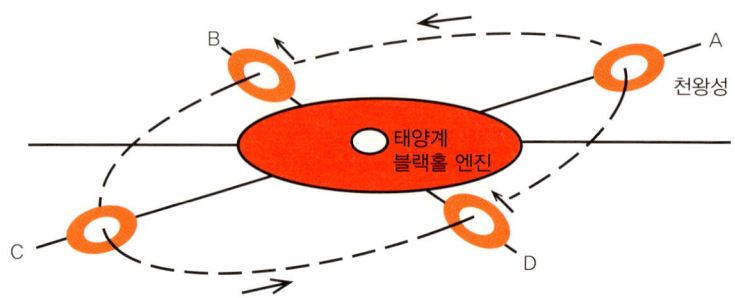

천왕성의 자전 방향과 천왕성의 위성들의 공전 방향이 서로 다르지 않고 같은 시계방향 인 것은 A, B, C 구역에서 천왕성위성들이 모두 만들어진 후 천왕성이 만들어졌으며 천왕성의 공전주기가 약 84년이므로 명왕성의 위성과 명왕성이 만들어지는데 걸린 시간이 42년 정도라고 추정할 수 있다.

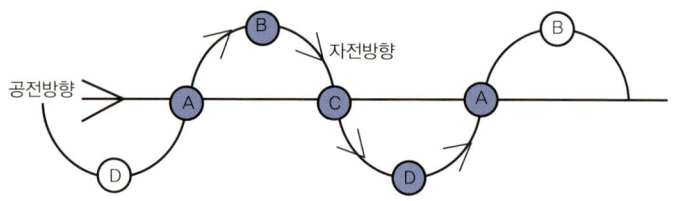

12. 천왕성은 자기장의 축이 자전축에 비해 약 59° 기울어져 있는 이유

천왕성은 상대적으로 강한 자기장을 가지고 있다. 자기장의 축(자기장의 남쪽과 북쪽을 잇는 가상의 축)은 천왕성의 자전축에 비해 약 59° 기울어져 있다.

천왕성의 자기장이 발생하는 이유는 ⊕전하를 띤 핵과 ⊖전하를 띈 대기와의 상대 속도 차이에 의하여 발생하는데 천왕성의 고체상태의 핵이 만들어지면 핵의 자전축은 고정된다.

(위 그림) A, B역에서 천왕성의 위성들과 천왕성의 핵이 만들어지고 B, C 구역에서 천왕성 블랙홀 엔진을 순환하던 수소, 헬륨, 메탄 등은 천왕성의 핵을 중심으로 모여서 대기를 이루며 천왕성이 완성되는데 그 시간 차이만큼 중심핵의 자전축과 대기의 자전축이 다르게 된다.

자기장의 축이 자전 축에 비해 59° 기울어져 있다면 B 구역 부근에서 천왕성 핵의 자전축이 고정되고 ⊖전하를 띈 순환가스들이 ⊕전하를 띈 천왕성의 핵을 중심으로 모두 모여 C 구역 부근에서 냉각 되어 대기의 자전축이 고정되는데 약 14년이 소요되었으며 천왕성 중심핵의 자전축에 59° 기울어진 채로 자전축이 고정되었다.

$$천왕성의\ 공전주기\ 84년 \times \frac{59}{360} = 약\ 14년$$

혜성의 성질을 가지고 있어 누워서 자전을 하며 공전을 하는 기체 상태의 행성들은 공전궤도 위치에 따라 자전축이 변하게 되는데 1회 공전하면 자전축이 360° 변하여 원래 상태로 돌아온다. 기체 상태의 행성들이 액체를 거쳐 고체 상태로 굳어지면 공전궤도의 위치에 관계없이 자전축도 고정된다. 천왕성은 핵과 가스가 응축을 끝내고 굳어진 시각(時刻) 차이만큼 변화 각이 59°이며 천왕성의 핵과 대기의 자전 속도가 서로 다를 뿐만 아니라 질량이 큰 철 성분을 많이 함유한 암석 물질로 이루어진 중심핵을 갖고 있어 강력한 자기장을 갖게 되었다.

13. 천왕성의 위성들이 찌그러진 이유

행성이나 위성이 만들어지려면 기체 상태에서 냉각되어 공 모양을 갖추기 위해서는 최소한 기체 상태로 1회전 이상의 공전을 하여야 완전한 공 모양을 갖추게 된다. 천왕성의 위성들은 에너지가 부족하여 바로 냉각되어 공 모양을 갖추지 못하고 찌그러진 모습으로 굳어지게 되었다.

천왕성에는 수십 개의 위성이 있지만 그중 다섯 개의 위성이 사람들에게 많이 알려져 있다. 천왕성의 다섯 개의 위성 중 타이타니아(Titania)와 오베론(Oberon)은 1787년 허셜(William Herschel)에 의해 제일 먼저 발견되었으며, 아리엘(Ariel)과 엄브리엘(Umbriel)은 한 세기가 지난 후 러셀(William Russel)에 의해, 가장 작고 희미한 미란다(Miranda)는 1948년 카이퍼(Gerard Kuiper)에 의해 발견되었다. 미란다는 이 다섯 위성 중에 천왕성에 가장 가까이 있고, 가장 작은(지름이 약 480km)위성이다. 그리고 보이저 2호의 관측결과 굉장히 큰 충돌이 있었던 것처럼 형태가 일그러져 있었다.

14. 천왕성의 고리가 생기는 원리

기체 상태로 혜성의 특성으로 누워서 자전을 하며 태양계 블랙홀

엔진을 공전하는 천왕성이 냉각되어
중심에 핵이 만들어지게 되면 천왕성
의 블랙홀은 사라지게 되고 ⊖전하를
띈 순환가스들은 순환을 멈추고 ⊕전
하를 띈 명왕성의 핵을 중심으로 모여 수축하는 과정에서 순환가스
에 포함되어 함께 순환하던 물질들이 굳어지게 된다.

　⊖전하를 띈 순환 가스가 냉각, 수축되는 과정에서 순환 가스에 포
함되어 있던 불순물이 미리 굳어서 ⊕전하를 띈 자신의 핵을 갖게
되면 전자기적으로 안정돼 명왕성의 중심핵의 인력과 전자기력의
반발력이 균형을 이루는 그 자리에 고정되어 천왕성의 고리를 이루
게 되어 명왕성의 자전축에 직각으로 천왕성과 함께 자전을 하게 되
며 천왕성의 자전주기와 다르면 위성이 되는 것이다.

15. 천왕성의 고리가 빠르게 변하는 이유

　천왕성은 공전궤도에 누운 상태에서 자전축은 고정되어 있지만 태
양을 중심으로 공전할 때 공전궤도 위치에 따라 지구에서 바라보게
되면 조금씩 다른 모습으로 보이게 되며 이렇게 1회전 공전하게 되
면 자전축이 360° 변하여 원래 상태로 보이게 되는 것처럼 자전축에
수직인 고리의 모습도 공전궤도 위치에 따라 다르게 보이게 된다.

　공전궤도가 긴 타원궤도이므로 직선구간에서는 고리의 모양이 거
의 변하지 않고 양쪽 곡선구간에서만 180°씩 변하며 태양과 가까운

지점인 근일점을 통과할 때가 원일점을 통과할 때보다 공전 속도가 빠르게 되므로 고리의 모양도 빠를 게 변한다. 천왕성의 공전주기가 84년이므로 42년에 한 번은 느리게 변하고 다음 한번은 빠르게 천왕성 고리의 모습이 변하는 것을 알 수 있다. 원일점을 통과할 때 가장 느리게 고리가 변화하는 모습과 최근의 근일점을 통과할 때의 모습을 비교하여 본다면 천왕성의 고리가 엄청나게 빠르게 변하고 있다고 느끼게 되는 것이다.

천왕성 고리, 엄청나게 빨리 변한다.(서울신문 2007. 08. 29)
천왕성 고리들이 알려진 것보다 훨씬 빠른 속도로 변화하는 것으로 밝혀졌다고 BBC 인터넷판이 최근 보도했다.

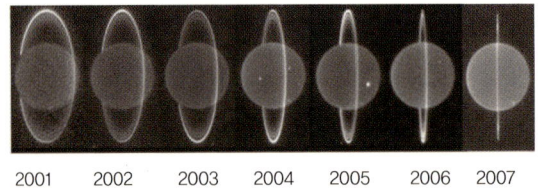

2001 2002 2003 2004 2005 2006 2007

미국 버클리 대학 연구팀은 지난 5월 하와이 케크Ⅱ 적외선 망원경으로 지구와 수직을 이룬 천왕성 고리 사진을 찍어 지난 7년간 수집된 자료들과 비교·분석해 이 같은 결론에 도달했다고 밝혔다. 연구팀은 42년 만에 찾아온 측면 관측기회를 이용, 천왕성 고리의 특징들을 더 잘 관찰할 수 있었다.

수 ㎝에서 수 m 크기의 바위로 이뤄진 천왕성 외곽 고리들은 서로를 흐리게 만들어 희미하게 보인다. 그러나 평상시 거의 투명하게 보이는 먼지층은 가는 띠 형태로 나타나 훨씬 선명하게 관측됐다.

학자들은 미크론 단위의 미세한 먼지 입자로 이뤄진 안쪽 고리가 21년 전 보이저 2호 촬영 당시에 비해 훨씬 두드러지게 보인다는 사실도 발견했다. 이는 고리 구조가 당시에 비해 크게 변했음을 의미한다.

토성

 토성은 아름다운 고리를 가진 행성으로 많은 사랑을 받는 행성이다. 토성의 고리는 1610년 갈릴레이에 의해 처음 관측되었다.

하지만 망원경의 해상도가 낮아 확실한 모양을 몰랐다. 훗날 그가 죽은 뒤 약 50년 후인 1656년 네덜란드의 천문학자인 호이겐스(Christian Huygens)에 의해 그것이 고리라는 것이 밝혀졌다. 토성의 신비는 태양계 탐사 우주선 보이저(voyager) 1, 2호에 의해 많이 밝혀졌다. 지금까지 밝혀진 토성의 위성은 수십 개이며, 그 가운데 신비한 위성 타이탄(titan)이 있다. 이 위성은 태양계의 다른 위성 중에서는 보기 힘든 짙은 대기로 둘러싸여 있다. 그리고 토성은 목성에 이어 태양계에서 두 번째로 크며, 지름은 지구의 약 9.5배, 질량은 약 95배이다. 그리고 태양으로부터 14억km 정도 떨어진 거리에서 약 9.7km/s의 속도로 공전하는데, 이는 지구 시간으로 대략 29.6년이나 걸린다.

대기

토성의 대기에는 목성과 마찬가지로 띠가 존재하는데, 목성보다 희미하고 적도면에서는 상대적으로 두껍다. 하지만 상대적으로 목

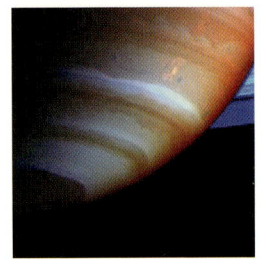
성에 비해 소용돌이가 적고, 가끔 커다란 소용돌이가 나타나지만 목성의 대적반에 비해 아주 작다.

토성 대기의 구성성분 또한 목성과 비슷하다. 지금까지 메탄, 암모니아, 에탄, 헬륨, 수소분자 등이 검출되었고, 수소분자가 가장 풍부하다고 한다. 그리고 온도가 낮아 구름이 낮은 고도에 위치하여 목성에 비하여 색이 뚜렷하지 않다.

온도

토성의 표면(구름의 윗부분)의 온도는 약 -176℃로 아주 낮다. 그리고 토성 또한 목성처럼 태양으로부터 받는 에너지의 양보다 더 많은 에너지를 발산한다. 하지만 목성과 같이 중력수축에 의한 에너지로는 설명이 부족하다. 따라서 천문학자들은 그 에너지의 원천을 헬륨 강우(Helium rain)에 두고 있다. 즉 다른 목성형 행성들에 비하여 대기 상층부에 헬륨의 적은 것으로 설명하는 것인데, 온도가 낮은 토성에서는 헬륨이 아래로 하강하면서 액체수소 속을 지나갈 때 그 마찰에 의하여 에너지가 발생한다는 것이다.

내부 구조

토성은 목성에 이어 태양계에서 두 번째로 큰 행성이지만 태양계 안에서 가장 밀도가 낮은 약 687kg/m³이다. 이는 물의 밀도 보다 낮은 수치이며, 때문에 '만약 토성을 물에 넣을 수 있다면 물에 뜬다.'고 설명되는 경우가 많다. 토성은 겉보기에도 납작하게 보이며 편평도는 0.108이다. 이것은 토성의 빠른 자전과 유동체의 성질 때문이다. 다른 기체 행성도 편평하긴 하나 토성만큼은 아니다.

이러한 토성의 내부는 목성과 매우 유사하다. 가장 내부에 얼음과 핵으로 이루어졌다고 여겨지는 핵이 존재할 것이고, 그 위로 액체 금속 수소가 있다. 그 바깥에는 비균질이란 층이 있는데 이는 헬륨이 작은 물방울 형태로 존재하고, 이들이 하강하면서 에너지가 발생하는 것으로 알려져 있다. 그 위로는 수소분자들의 층이 있다고 알려져 있다.

자전

토성은 탐사선의 관측 결과에 따르면 약 10시간 39분을 주기로 자전을 한다. 그리고 토성 또한 기체로 이루어진 행성이라 차등자전을 하며, 자전축은 공전궤도면에 비하여 약 27° 기울어져 있다. 그리고 거대한 몸에 비해 빠른 속도로 자전을 하여, 납작한 형태를 하고 있다.

궤도 토성은 태양으로부터 약 14억km 떨어져 공전을 하고 있다. 이를 약 9.65km/s의 속도로 천천히 공전을 한다. 궤도의 이심률은 0.054이며, 이에 따라 태양과 가까울 때는 약 13억 5천만km 까지

다가오고 멀리 떨어질 때는 약 15억km까지 멀어진다.

토성의 자전축은 기울어져 있는데 기울어져서 공전을 하면 지구처럼 계절이 생기고, 지구에서 봤을 때 대략 30년을 주기로 고리의 모습이 바뀌게 된다. 고리의 평면이 태양과 일치할 때 우리의 시각에서는 토성의 고리가 보이지 않는다. 이것은 한 주기에 두 번 즉 약 15년에 한 번씩 일어나는 현상이다.

자기권

토성의 경우도 목성처럼 액체 금속 수소로 인해 자기장이 존재한다고 알려져 있으며, 목성에 비해 약한 자기장을 지니고 있  고, 태양풍이 강할 때는 토성의 반지름의 약 20배까지 줄어들었다가 태양풍이 약해지면 30배 이상까지 늘어난다고 한다.

고리

토성의 고리는 1609년 갈릴레이(Galileo Galilei)가 최초로 발견하였다. 갈릴레이는 그 당시 망원경 성능이 좋지 못해 자신이 발견한 것이 고리임은 확실하게 알지 못했고, '토성의 양쪽에 귀 모양의 괴상한 물체가 붙어

있다'고 표현했다. 그로부터 약 50년 뒤 네덜란드의 천문학자 호이겐스(Christian Huygens)가 토성의 '양쪽의 귀'는 고리임을 밝혀냈다.

그리고 1675년 이탈리아의 천문학자 카시니(Jean Dominique Cassini)는 더욱 좋은 망원경을 이용해 토성의 고리를 자세히 관찰하여 토성의 고리가 하나가 아니라 여러 개로 이루어져 있다는 것을 알아냈다. 또한 그는 고리 사이의 거대한 간격을 찾아냈으며, 이 간격이 바로 '카시니 틈'이다.

우주선으로 관측한 결과 토성의 고리는 수많은 얇은 고리들로 이루어져 있었고, 이 고리들은 레코드판처럼 곱게 나열되어 있다. 토성의 고리는 적도면에 자리 잡고 있으며 토성 표면에서 약 7만~14만km까지 분포하고 있다. 따라서 토성의 고리 너비는 약 7만 km에 이른다. 토성의 고리는 아주 작은 알갱이 크기에서 부터 기차만 한 크기의 얼음들로 이루어져 있다. 많은 천문학자는 토성이 생성된 뒤 남은 물질이 고리를 이루는 것이라 추측하고 있다. 즉 성운에서 토성이 생성되고, 이와 같은 시기에 고리도 생성되었다는 설이다. 이는 토성의 거대한 고리계를 설명할 수 있으며, 고리의 희박한 밀도 등 여러 가지를 설명할 수 있으나, 어떻게 고리계가 45억 년 이상 유지될 수 있었는지 설명하기는 어렵다. 그리고 일부 천문학자들은 토성의 고리에 대하여 토성의 강한 중력을 못 이겨 산산조각이 난 위성의 잔해물이라 주장한다. 즉 위성이나 유성체, 혜성과 같은 천체들이 토성에 가까이 접근 하면 조석력에 의하여 부서지게 되고, 이후 잔해들이 남아 상호 마찰로 인해 더욱 잘게 부서져 고리를 형성한다는 것이다.

카시니 호는 미 항공우주국(NASA)과 유럽우주기구(ESA)가 공동 개발해 지난 1997년 지구에서 발사했다. 이후 2004년 6월 토성 궤도에 안착해 2009년 8월부터 본격적인 탐사활동을 시작했다.

토성의 위성

토성은 63개의 위성을 가지고 있다. 이 위성들은 대부분 얼음 덩어리로 이루어져 있고, 일부는 암석도 섞여 있다. 토성의 위성들을 보면 상대적으로 커다란 위성은 처음 생긴 충돌구덩이가 그대로 보존돼 있지 않았다.

즉 어떠한 내부 열원으로 표면이 변했다는 것을 추측할 수 있다. 하지만 상대적으로 작은 위성은 충돌 구덩이가 그대로 보존되어 있었다. 따라서 천문학자들은 토성의 위성이 몇 개의 큰 천체가 깨어져 생성된 것이라 추측하고 있다.

토성에는 태양계에서 두 번째로 커다란 위성인 타이탄(Titan)을 가지고 있다. 타이탄은 크기 약 5,150km, 질량 약 1.37×10^{23}kg으로, 태양계 위성 중 목성의 가니메데 다음으로 큰 위성이다. 타이탄은 표면 중력이 작음에도 불구하고 온도가 낮아(약 -180℃) 짙은 대기를 가지고 있었고, 1944년 천문학자 카이퍼(Gerard Peter Kuiper)는 타이탄의 대기에 메탄이 포함되어 있다는 것을 발견했다. 타이탄의 대기는 대부분 질소로 이루어져 있으며, 메탄과 아르곤, 그리고 미량의 수소 분자, 일산화탄소 등이 존재한다.

타이탄이 발견된 후 카시니는 1671년부터 1684년 사이에 이아페투스(Iapetus), 테티스(Tethys), 디오네(Dione) 등 몇몇 토성의 위성들을 발견해 토성 연구에 큰 공을 세웠다.

카시니가 발견한 위성들은 목성의 가장 작은 위성 유로파보다 훨씬 작은 것들이었다. 이 가운데 이아페투스의 지름은 약 1,440km이고 가장 작은 테티스는 약 1,060km에 이르렀다. 이아페투스는 특이한 표면을 가지고 있다. 토성의 다른 위성보다 약 10~15배 이상 밝은 이아페투스의 땅은 온통 밝은색이 아니고 밝은 곳은 눈처럼 희고 어두운 쪽은 숯을 연상할 정도로 어둡다고 알려져 있다. 보이저 1호는 이아페투스의 두 면 가운데 밝은 쪽은 얼음으로 덮여 있고 어두운 쪽은 먼지들로 이루어졌다는 것을 밝혀냈다.

디오네의 지름은 약 1,120km이며 토성에서 약 37만 7,000km 위치에 자리 잡고 있는데 약 2.7일 주기로 토성을 한 바퀴 돈다. 19세기 말에는 토성의 위성이 아홉 개 정도라고 알고 있었다. 아홉 번째 포에베(Phoebe)는 1898년 미국 천문학자 피커링에 의해 발견됐다. 이 포에베는 토성의 다른 위성과 정반대 방향으로 회전해 천문학자들이 주의 깊게 관찰 있다. 포에베는 토성의 위성 가운데 가장 멀리 떨어져 있어 토성으로부터의 평균거리가 약 1천 3백만 km나 되며,

토성을 공전하는 데는 약 550일이 걸린다. 토성의 위성에는 분화구가 많은 것이 특징이며, 이중 미마스는 자신의 크기에 비하여 큰 분화구를 가지고 있어 집중을 받고 있다. 이 분화구는 미마스 면적의 4분의 1 정도를 차지한다.

16. 토성이 만들어지는 과정

태양계 블랙홀 엔진은 오르트구름, 카이퍼 벨트, 명왕성과 해왕성, 천왕성으로 분리된 만큼 규모가 작아지고, 태양계 블랙홀을 통하여 순환하는 수소는 태양계 블랙홀 엔진으로 부터 에너지를 흡수하며 순환하고 태양계 블랙홀 엔진은 더욱 냉각, 분리되어 토성 블랙홀이 만들어지게 된다.

태양계의 외곽 가스 구역에서 자전을 하는 토성 블랙홀을 통하여 수소가스가 순환을 하며 토성 블랙홀 엔진이 가동하게 되어 토성 외곽으로부터 토성의 수십 개의 위성을 만들며 마지막으로 목성 중심핵을 만들고 토성 블랙홀은 사라지게 되며 대표적인 토성의 위성은 가까운 순서대로 미마스, 테티스, 디오네, 타이탄, 이아페투스, 포에베 등이 있으며 토성을 순환하며 ⊖전하를 띤 메탄, 암모니아, 에탄, 헬륨, 수소 등이 ⊕전하를 띤 토성의 중심핵에 모여 토성이 완성된다.

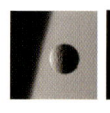     

미마스　　테티스　　디오네　　타이탄　　이아페투스　　포에베

17. 토성이 많은 위성을 거느린 이유

우리은하계에서 분리되어 태양계 블랙홀 엔진이 가동하여 오르트 구름, 카이퍼 벨트를 만들고 명왕성, 해왕성, 천왕성이 만들어지고 태양계 블랙홀 엔진은 다시 둘로 분리되어 자전을 하게 되면 원심력에 의하여 중심에 토성 블랙홀이 만들어지고 가벼운 가스들이 순환하며 토성 블랙홀 엔진을 통하여 순환하면서 냉각되어 외곽으로부터 차례대로 토성의 위성들이 만들어지게 된다.

모든 물질은 온도에 따라 기체, 액체, 고체 상태로 상변화를 하게 되는데 토성과 행성의 구성 물질들은 물리적 성질이 서로 다른 여러 물질로 혼합 구성되어 분자 간에 작용하는 인력이 작아 굳는 온도가 낮아서 오랫동안 자전을 하여 마찰에 의한 정전기가 많이 발생하게 되어 토성은 많은 위성을 거느리게 되었다.

18. 토성의 최대위성 타이탄에 대기가 있는 이유

토성은 태양계에서 두 번째로 커다란 위성인 타이탄을 가지고 있으며 타이탄은 태양계 위성 중 목성의 가니메데 다음으로 큰 위성으로 타이탄의 대기는 대부분 질소로 이루어져 있으며, 메탄과 아르곤, 그리고 미량의 수소분자, 일산화탄소 등이 존재한다.

토성 블랙홀 엔진에서 냉각 분리되어 외곽으로부터 여러 위성이 만들어지고 타이탄의 구성 물질들은 자전을 시작하여 원심력에 의하여 타이탄 블랙홀이 만들어져 타이탄 블랙홀 엔진이 작동하여 주변의 가스들이 타이탄 블랙홀에 빨려 들어가 순환을 하며 타이탄을 냉각하게 된다.

냉각되어 타이탄 블랙홀이 사라지고 타이탄 블랙홀 엔진이 멈추게 되면 타이탄 블랙홀 엔진을 순환하던 ⊖전하를 띈 순환 가스들은 순환을 멈추고 ⊕전하를 띈 타이탄의 핵을 중심으로 모여 타이탄의 대기를 이루게 된다.

19. 토성의 위성과 고리가 만들어지는 원리

토성 블랙홀 엔진의 가동으로 주변의 가벼운 기체들이 블랙홀로 빨려 들어가 순환하며 냉각되어 밖에서부터 차례대로 토성의 위성들이 모두 만들어지게 되면 토성의 블랙홀은 사라지게 되고 이어서 토성의 블랙홀이 사라지자 ⊖전하를 띈 순환가스가 냉각, 수축되어 ⊕전하를 띈 토성의 핵을 중심으로 모여들게 된다. 이때 순환가스에 포함되어 있던 물질 중에 토성의 대기보다 상대적으로 굳는 온도가 높은 수증기나 작은 암석 물질들이 토성의 대기보다 먼저 굳어서 그 자리에서 띠를 이루게 된다.

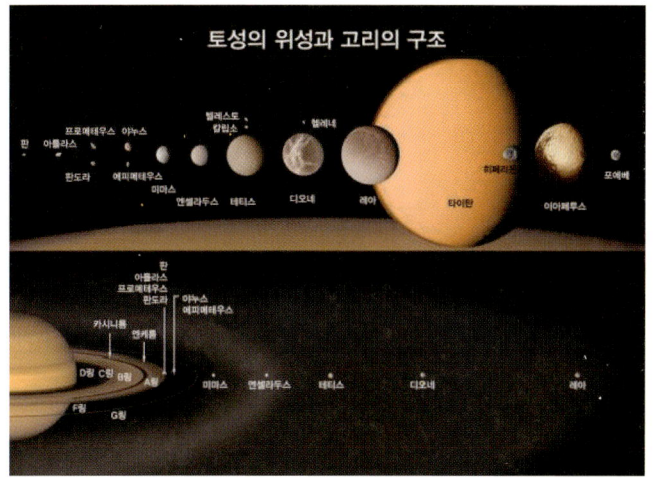

　토성의 핵을 중심으로 모여드는 ⊖전하를 띤 순환가스에 섞여 있던 여러 물질이 냉각되어 ⊕전하를 띤 자신의 핵을 갖게 되면 전자기적으로 안정되어 토성의 중심핵의 ⊕전하의 영향을 받지 않고 그 자리에 고정되어 토성의 고리를 이루어 토성의 자전축에 직각으로 함께 자전을 하게 되는데 위성과 고리의 차이는 규모면에서 차이도 있겠지만 토성과 함께 자전을 하면 고리이고 토성의 자전주기와 다르게 되면 토성을 공전하는 위성이 되는 것이다.

20. 토성이 태양계에서 평균 밀도가 가장 작은 이유

　토성은 다른 행성에 비하여 많은 위성을 거느리고 토성의 중심핵은 목성에 비하여 상대적으로 밀도가 작으며 여러 물질로 구성되어 있어 오랫동안 자전을 하게 되어 정전기가 많이 발생하여 많은 기체를 보유한 거대 행성이 된다.

행성의 체적에 비하여 중심핵이 작게 되면 중심핵과 대기와의 자전주기 차이로 인한 상대속도 차이가 많이 발생하며, 자전주기 차이에 의한 마찰로 인하여 내부에서 많은 열이 발생하고 있어 기체의 체적이 다른 기체형 행성에 비하여 줄어들지 않아 태양계 행성 중에 평균 밀도가 가장 작은 가벼운 행성이 된 이유이며 밀도가 작고 나이에 비하여 밝고 뜨거운 이유이다.

나이 드는 행성 토성의 동안 비결은?(CBS 노컷뉴스 2013. 05. 02)

최근 관심을 끌었던 토성 안 거대한 허리케인에 이어 토성이 동안을 유지하는 비결을 밝힌 연구가 나와 눈길을 끈다.

영국 엑서터대학교 연구팀은 지난 21일(현지시간) "토성이 나이에 비해 밝고 뜨거운 이유는 토성에 있는 가스층이다."라고 지구과학 관련 분야의 저명한 학술지인 네이처 지오사이언스(The Journal Nature Geoscience)에 게재했다.

나이가 들수록 얼굴빛이 어두워지듯이 행성 또한 나이가 들수록 어두워지고 차가워진다. 토성은 나이에 비해 훨씬 밝고 뜨거운 상태를 유지해 1960년대 후반부터 관심의 대상이 됐다. 연구팀은 "토성 안은 물리적 불안정으로 가스가 층층이 분리돼 있다. 분리된 가스층은 수직적으로 열이 전달되기 어렵다."며 "토성 전체에 큰 대류가 일어나 열이 전달되는 대신 분리된 가스층에서 열은 부분적으로 확산되며 밖으로 빠져나가기 힘들다. 결과로 토성이 덜 식었고 밝고 뜨거운 상태를 유지하게 됐다."고 밝혔다.[BestNocut_R]

이번 연구 결과로 태양계에 있는 큰 행성의 성분과 내부구조는 이전에 생각했던 것보다 훨씬 복잡할 것으로 추정된다. 층층이 분리된 대류현상은 지구의 대양에서도 찾을 수 있다. 밀도가 크고 염분이 많은 물은 다른 층과 수직적으로 잘 섞이지 않으며 열이 위로 전달되기 어렵다.

21. 토성의 위성 타이탄에도 위성과 고리가 있다

　토성의 위성 타이탄의 블랙홀 엔진 가동으로 순환하는 가스와의 마찰에 의한 정전기의 발생으로 타이탄이 대기를 보유하게 되었으며 타이탄의 대기 성분보다 응축 온도가 높은 물질들이 먼저 냉각되어 타이탄의 위성과 고리를 보유할 가능성이 매우 높다. 위성이 만들어진 후에 모성이 만들어지기 때문에 토성의 위성인 타이탄이 토성보다 나이가 많은 것은 당연한 일이다.

"위성 타이탄이 모성 토성보다 나이가 많다"
(서울신문 2014. 06. 25)

　태양계 천체 중 가장 생명체가 존재할 가능성이 높은 위성 타이탄이 모성인 토성보다 더 '나이'가 많을 가능성이 있다는 연구결과가 나왔다.
　기존 상식을 뒤집는 이 연구는 미 항공우주국 나사(NASA)와 유럽우주기구(ESA)의 데이터를 바탕으로 미 남서연구소(Southwest Research Institute)가 분석한 결과 드러났다.
　일반적으로 행성이 먼저 생성된 후 천체 충돌 등 다양한 원인으로 그 주위를 도는 달이 생긴다는 것이 학계의 정설이다. 토성의 달인 타이탄 역시 이 같은 과정을 밟았을 것으로 추정됐었다.
　이번에 연구팀이 이 같은 정설을 뒤집은 증거는 바로 타이탄의 대기다. 타이탄은 특이하게도 질소가 대기의 주성분을 이루고 있는 태양계에서 지구와 가장 닮은 천체. 연구팀이 분석한 것은 타이탄의 질소가 토성 생성 이전에 만들어진 것이라는 점. 결과적으로 타이탄은 토성이 생성되기 이전부터 존재하고 있었을 가능성이 높다는 것이 연구팀의 주장이다.
　연구를 이끈 캐슬린 맨트 박사는 "타이탄의 대기 질소는 오르트 구름(Oort cloud) 속 고대 혜성과 매우 유사하다"면서 "타이탄 역시 이 같은 혜성들과 함께 생성된 것일 수 있다"고 설명했다. 오르트 구름은 태양계를 껍질처럼 둘러싸고 있는 가장 바깥지역으로 핼리혜성 등 수많은 혜성들이 이

곳에서 만들어진다고 추측된다.

맨트 박사는 특히 "타이탄의 대기 성분이 원시지구의 대기와 매우 유사해 지구 생명 탄생의 비밀을 풀어 줄 열쇠"라고 덧붙였다. 한편 지름 5,150km로 태양계에서 두 번째로 큰 위성 타이탄은 지구를 제외하고 표면에 메탄과 에탄으로 이루어진 바다를 가진 유일한 천체다.

목성

태양계의 5번째 궤도를 돌고 있는 목성은 태양계에서 가장 거대한 행성이다. 목성은 태양계 여덟 개 행성을 모두 합쳐 놓은 질량의 2/3 이상을 차지하고 지름이 약 14만 3,000km로 지구의 약 11배에 이른다. 이 거대한 목성은 육안으로도 쉽게 발견할 수 있을 만큼 밝은데, 가장 밝을 때는 -2.5 등급을 기록하기도 했다. 또한 목성은 얇은 고리를 가지고 있으며 유명한 네 개의 갈릴레이 위성을 포함해 80여 개의 위성을 지니고 있다.

목성은 태양계의 모든 행성 중에 가장 거대한 구름의 소용돌이를 보여주기도 하는데 이를 대적점이라 한다. 그리고 목성의 표면에는 희거나 적갈색을 띤 띠가 있다.

대기

목성의 대기는 주로 수소, 헬륨으로 이루어져 있으며 약간의 암모니아와 메탄이 존재한다. 그리고 목성의 모습을 보면 줄무늬가 보인다. 검은 줄무늬를 '띠(belt)', 그리고 밝은 줄무늬를 대(zone)라고 부른다. 적외선 관측 결과에 의하면 대는 띠보다 온도가 낮고, 따라서 더 높은 상층에 위치함을 알려준다. 그리고 대는 고압의 상승 영역이고, 띠는 저압의 하강 영역임을 제시해 준다. 목성의 대기에서 가장 유명한 현상은 대적반이다. 겉에서 보기에는 보통의 소용돌이처럼 보이지만 그 안은 매우 역동적이다.

온도

목성의 표면(구름의 상단 부분)온도는 약 -148℃ 정도 된다. 그리고 목성은 태양에서 받는 열보다 더 많은 열을 방출한다. 이는 목성 내부에 열원이 있음을 제시해주고 그 열원은 행성이 형성될 때 행성 위에 붕괴되는 가스에서 방출되는 중력 에너지라 알려져 있다.

내부 구조

수소분자로 이루어진 목성의 지름은 14만 3,200km로 목성이 조금만 더 큰 천체였더라면 목성의 내부에서 핵반응이 일어나 제2의 태양이 되었을지도 모른다. 목성의 질량은 지구의 약 318배이고 부피는 지구의 약 1,400배나 되지만 태양의 밀도와 비슷한 목성의 밀도는 지구보다 낮은 지구의 약 1/4 정도밖에 되지 않는다. 그 이유는 목성은 태양처럼 밀도가 낮은 수소와 헬륨으로 구성되어 있기 때문이다.

목성 내부로 깊이 들어갈수록 일반적인 형태의 분자 수소는 압축되어 결합이 파괴되고 궤도전자들이 원자 사이에 공유된다. 이는 금속의 형태와 매우 비슷하며, 대표적으로 수소가 그러하다. 수소의 이와 같은 상태는 실험실에서 기체에 충격파를 가하여 수천K의 온도와 수백만 기압의 압력을 만들어 확인하였다. 즉 목성의 가장 깊숙한 내부에는 얼음이나 암석으로 이루어진 핵이 존재하고, 그 위로 액체 금속 수소가 있고 그 위로 비균질(헬륨이 작은 물방울 형태로 존재하는 지역) 지역, 수소 분자지역 그리고 대기가 존재할 것이라 추정된다.

자전

목성은 태양계 내에서 가장 빠른 자전을 하며 그로 인해 적도 지방이 불룩한 타원체로 볼 수 있다. 목성은 대부분 기체로 이루어져 있으며, 이에 따라 태양처럼 차등자전을 한다. 즉 적도에서 가장 빠르고 극지방에서 상대적으로 느린 자전을 한다. 적도 부근에서는 9시간 50분 주기로 자전을 하며, 고위도에서는 9시간 55분 주기로 자전을 한다. 그리고

자전축은 3°가량 기울어져 있다.

궤도

목성은 태양으로부터 약 5.2AU(7억 8천만km) 떨어져서 공전을 하고 있다. 이심률은 0.048 정도로 작은 편이고 공전주기는 11.862년(약 11년 10개월) 정도이다.

자기권

목성은 강력한 자기장을 가지고 있다. 지구의 자기장의 원인은 철과 니켈로 이루어진 용융상태의 핵이라고 알고 있다. 목성은 내부의 액체 금속 수소가 그 역할을 하고 있는 것으로 추정된다. 그리고 지구의 자기장으로 인한 오로라 현상 또한 목성에서도 관측이 된다.

지상에서의 전파 관측과 탐사선들의 관측 결과 목성의 자기장의 크기는 지름이 약 3천만 km로 목성의 지름보다 약 210배 더 크고 태양보다 약 22배 더 크다. 이는 지구에서 관측했을 때 달이나 태양의 4배 되는 크기이다.

대적반

대적반(Great Red Spot:혹은 대적점)은 목성의 소용돌이라고 볼 수 있다. 이 대적반은 타원 모습이며, 크기는 지구보다 훨씬 크다. 그리고 대적반 주위의 대기는 반시계방향으로 순환한다. 남반부에 있는 이 대적반은 반대방향으로 움직이고 있는 두 개의 대기 띠 사이에 위치하고 있다. 대적반 내의 풍속은 100m/s에 가까우며 매우 역동적이다.

목성의 고리

고리가 토성에만 있는 것으로 알려져 있었으나 보이저 2호가 목성에서 고리를 발견한 것은 놀라운 일이었다. 토성보다 목성이 더 가까이 있는데도 지금까지 목성의 고리를 발견하지 못한 데에는 여러 가지 이유가 있다. 그 이유는 목성의 고리가 토성의 고리보다 얇고 밀도도 낮고 희미하기 때문이다. 구성 물질은 적외선 관측을 통해 분석한 결과 작은 암석과 먼지로 밝혀졌다.

목성의 고리는 크게 세 부분으로 가장 안쪽의 뿌연 형태의 고리와 중간의 주 고리, 그리고 가장 바깥쪽의 얇고 희미한 고리로 나눌 수 있다. 이 고리들은 목성 지표면에서 약 22만km 떨어진 곳까지 분포하고 있다. 고리는 위성에 운석이 충돌할 때 발생하는 먼지에 의해 계속 채워지고 있다.

목성의 위성

목성은 작은 태양계라 불리기도 한다. 태양을 중심으로 행성과 소행성 등 여러 천체가 도는 것처럼 목성 주위로 수많은 위성이 돌기 때문에 붙여진 명칭이다. 그 많은 위성 중에 우리에게 친근한 위성은 갈릴레이 위성일 것이다. 이 천체를 제일 처음 찾아낸 사람은 갈릴레이로 1610년 자신이 만든 굴절망원경을 통해 목성 근처에서 발견했다. 꾸준한 관측을 통해 갈릴레이는 네 개의 천체들이 목성의 위성이라는 결론을 내렸고, 이 네 개의 위성들이 훗날 갈릴레이의 위성으로 불리게 된 것이다. 이 위성들은 곧이어 독일의 천문학자이며 안드로메다를 발견한 시몬 마리우스(Simon Marius)에 의해 각각의 이름들(이오, 유로파, 가니메데, 칼리스토)이 붙여지게 된다.

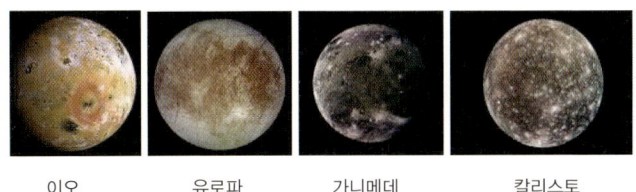

이오 유로파 가니메데 칼리스토

이오

갈릴레이 위성 중에 목성에 가장 가까운 위성은 바로 이오이다. 그리고 이오는 유로파, 가니메데와 1:2:4의 공전주기를 가지고 있다. 이런 현상으로 인해 가니메데와 유로파는 이오가 목성을 공전할 때마다 같은 위치에서 힘을 가하게 된다. 목성에 가까워서 큰 조석력을 받으며, 주기적으로 가니메데와 유로파에 의해 힘을 받는 이오는 형태가 조금씩 변한다. 이에 따라 내부에는 마찰이 생기게 되고 열이 발생하게 된다. 그리고 탐사선으로 관측한 이오의 모습에서 화산을 볼 수가 있다. 지구의 화산의 형태와는 다르지만 용암이 흐르고 계속해서 활동을 하고 있다. 그리고 이오는 아주 엷은 대기를 가지고 있다.

유로파

유로파의 크기는 갈릴레오 위성 중 가장 작은 약 3,130km(지름)이며, 질량은 달의 0.65배 정도 된다. 관측 결과 표면에 구덩이가 거의 없고 철이 주성분인 핵과 규산염 맨틀, 그리고 얇은 지각으로 구성되어 있다고 알려져 있다. 또한 얇은 지각 밑에는 액체 상태의 바다가 있다고 추정하고 있다. 그리고 이오보다는 작지만 내부의 열이 존재하고, 이는 주변 위성들과 목성의 상호작용으로 인해 생성된 것으로 추정한다.

가니메데

태양계 안에서 가장 큰(지름 약 5,270km) 위성으로 알려진 가니메데는 갈릴레오 위성 중 목성으로부터 세 번째로 떨어져 있다. 갈릴레오 우주선의 조사에 의하면 가니메데의 내부구조는 부분적으로 용융 상태에 있는 철이 주성분인 핵이 존재하고, 규산염의 하부 맨틀, 얼음으로 이루어진 상부 맨틀, 그리고 얼음 지각으로 구성되어 있다. 가니메데의 표면은 융기 한 부분과 패인 부분이 많이 있으며, 이것으로 과거 지질 활동이 있었다는 것을 추정할 수 있다.

칼리스토

갈릴레이 위성 중 목성에서 가장 멀리 떨어져 있는 것은 칼리스토이다. 칼리스토는 그 지름이 약 4,800km이며, 질량은 달의 1.5배 정도 된다. 특이한 점은 내부구조가 단순히 얼음과 암석으로 되어 있고, 지각은 얼음을 위주로 구성되어 있다. 따라서 밀도는 갈릴레이 위성 중 가장 낮은 $1,830kg/m^3$이다. 칼리스토의 표면에는 충돌 흔적이 있는데 이는 충격에 의해 얼음이 녹아 여러 겹의 고리들이 생겼다가 낮은 온도로 인해 바로 굳어버려 생긴 것으로 알려져 있다.

22. 목성이 만들어지는 과정

태양계 블랙홀 엔진은 오르트구름, 카이퍼 벨트, 명왕성과 해왕성, 천왕성, 토성으로 분리된 만큼 규모가 작아지고, 태양계 블랙홀을 통하여 순환하는 수소는 태양계 블랙홀 엔진으로부터 에너지를 흡수하며 순환하고 태양계 블랙홀 엔진은 더욱 냉각, 분리되어 목성블랙홀이 만들어지게 된다.

태양계의 외곽 가스 구역에서 자전을 하는 목성 블랙홀을 통하여 수소가스는 순환을 하며 목성 블랙홀 엔진이 가동하게 되면 목성 외곽으로부터 목성의 수십 개의 위성을 만들며 마지막으로 목성 중심핵을 만들고 목성 블랙홀은 사라지게 되며 대표적인 유명한 갈릴레이 위성들이 있으며 목성을 순환하며 ⊖전하를 띤 수소, 헬륨, 메탄, 암모니아 등이 ⊕전하를 띤 목성의 중심핵에 모여 목성이 완성된다.

23. 목성의 많은 대기와 고리가 만들어지는 과정

목성 블랙홀 엔진의 가동으로 주변의 수소와 같은 가벼운 기체들이 블랙홀로 빨려 들어가 순환하며 목성 블랙홀 엔진을 냉각하여 밖으로부터 약 70여 개의 많은 위성을 만들며 중심핵의 질량이 크기 때문에 다른 행성들보다 많은 정전기가 발생하게 된다.

중심핵이 임계점 이하로 낮아져 액체로 변하며 블랙홀은 사라지고 목성의 중심핵이 만들어진다. ⊕전하를 띤 목성의 중심핵에 목성 블랙홀 엔진을 순환하던 ⊖전하를 띤 가스들이 모여 다른 행성들보다 많은 대기가 만들어지게 되며 이때 가스에 포함되어 있던 불순물들이 수축되는 과정에서 먼저 냉각되어 ⊕전하를 띤 중심핵을 갖게 되면 토성 중심핵의 영향을 받지 않고 인력과 전자기적 반발력이 균형을 이룬 그 자리에서 목성의 고리가 되어 목성의 자전축에 직각으로 고리가 만들어진다.

24. 목성이 빠르게 자전을 하는 이유

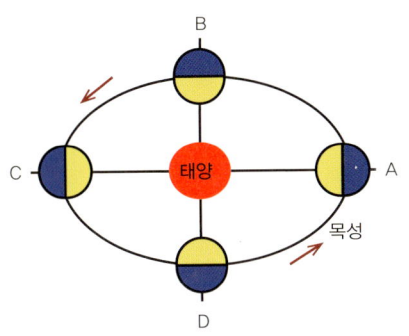

목성이 태양계에서 가장 빠르게 자전을 하는 원인은 태양계의 기체형 행성 중에서도 가장 체적이 크고 태양에 가장 가까운 행성이라서 생기는 현상으로 행성들은 블랙홀 엔진이 가동을 멈추고 액체를 거쳐 고체가 되면 그때의 관성력으로만 자전을 하는데 목성은 태양계 행성 중에 규모가 가장 크고 기체형 행성 중에서도 태양에 가장 가까워 태양을 바라보는 쪽과 반대쪽에 큰 온도 차가 크게 발생하여 고온 구역에서 가열된 기체가 저온 구역으로 빠른 속도로 흐르게 된다. 위 그림에서처럼 공전궤도 상에서 A, B, C, D 위치에 따라 고온 구역과 저온 구역이 행성의 공전궤도 위치에 따라 반 시계 방향으로 변하며 빠르게 자전을 하게 된 것이다.

25. 목성이 태양계에서 가장 강력한 자기장을 갖고 있는 이유

태양계에서 가장 많은 위성을 갖고 있는 목성은 철, 니켈 성분을 함유한 암석 물질로 이루어진 커다란 핵을 갖고 있으며 목성 블랙홀 엔진의 가동으로 수많은 위성을 만들며 마찰에 의하여 ⊕전하를 띤 중심핵에 상당하는 ⊖전하를 띈 많은 대기를 보유하여 전자기적으로 안정을 하게 된다.

목성은 자전을 할 때 밀도가 큰 철, 니켈 등으로 된 ⊕전하를 띈 중심핵과 ⊖전하를 띈 수소, 헬륨, 암모니아, 메탄 등 대기와의 자전주기 차이에 의한 상대 속도 차이로 많은 자기장이 발생하게 된다. 서로 물리적 성질이 다른 중심핵과 대기가 같은 속도로 자전을 하여도 대기가 1회전 자전을 할 때 중심핵은 여러 번 자전을 하게 되어 철 성분을 보유한 중심핵이 발전기의 회전자 역할을 하게 된다.

목성은 다른 행성에 비하여 중심핵과 대기성분의 밀도차이도 크지만 질량이 클 뿐 아니라 자전속도가 빠르기 때문에 자전주기 차이에 의한 상대속도차이가 자기장의 크기와 비례하는 특성으로 태양계에서 가장 강력한 자기장을 갖게 된 것이다.

26. 목성의 육각형 구름이 만들어지는 원인

토성의 북극에는 육각형으로 회전하는 구름이 존재한다. 육각형 구름 또는 육각형 제트류로 불리는 이 구름은 1980년대 보이저호에 의해 발견된 뒤 토성의 공전주기로 인해 관찰이 불가능했다가 약 30년 뒤 카시니 호에 의해 다시 촬영되었다.

구름이 차지하는 영역이 지구의 두 배 크기 정도 되며, 그 안에서 제트류가 초속 100m 정도로 회전하고 있는 것으로 추측되고 있다.

목성은 빠른 자전으로 인하여 적도 구역은 배가 불룩한 형태가 되며 내부 핵과 대기와의 자전주기 차이로 인한 상대속도 차이로 강력한 자기장이 만들어지며 발생한 많은 열이 대기를 가열하게 된다.

목성 내부에서 가열 팽창되어 가벼워진 가스는 적도 북반부로 나와 냉각 수축되어 빠른 속도로 북극에 만들어진 저기압 중심으로 빨려 들어가며 순환하게 되는데 목성의 빠른 자전으로 인하여 목성의 북위도 지방에는 강력한 제트기류가 나타나게 된다. 이러한 제트기류는 지구 북반부 에서도 나타나는데 목성의 자전 방향과 같은 반시계 방향의 곡선 형태의 바람이지만 목성의 북극을 중심으로 바라보게 되면 육각형으로 보이게 된다.

27. 목성에 줄무늬의 띠와 밝은 줄무늬 대가 생기는 원인

목성의 대기는 주로 수소, 헬륨으로 이루어져 있으며 약간의 암모니아와 메탄이 혼합되어 활발한 활동으로 밀도에 따른 빛의 굴절로 목성의 겉모습을 보면 줄무늬로 보인다. 검은 줄무늬를 '띠(belt)', 그리고 밝은 줄무늬를 대(zone)라고 부르는데 적외선 관측 결과에 의하면 대는 띠보다 온도가 낮고, 따라서 더 높은 상층에 위치함을 알려준다.

중심핵과의 마찰에 의하여 가열되어 적도 부분으로 높이 상승한 대기는 밝은 줄무늬를 띄고 냉각되어 무거워진 대기는 내부 중심으로 하강하며 순환하게 되며 상승한 밝은색 줄무늬 대(zone)에 가려 검은 줄무늬 '띠(belt)'를 이루며 하강한다. 가스가 상하로 순환하는 과정에서 온도가 낮고 밝은색의 줄무늬 대(zone)의 그림자에 가려 어두운색의 줄무늬 띠(belt)가 만들어진다.

28. 목성의 대적반(Great Red Spot:혹은 대적점)이 만들어지는 이유

대적반은 목성의 소용돌이라고 볼 수 있으며 타원 모습으로 크기는 지구보다 훨씬 크다. 그리고 대적반 주위의 대기는 반시계 방향으로 순환한다. 목성 적도 남반부에 위치하는 이 대적반은 서로 반대 방향으로 움직이고 있는 두 개의 대기 띠 사이에 위치하고 있으며 목성 내부에서 가열된 기체가 상승하여 외부에서 냉각되어 다시 하강하는 목성의 커다란 태풍이며 내부에서 가열된 대기가 상승, 냉각되며 순환하는 과정에서 발생하는 것으로 목성의 적도 남반부로 나온 뜨거운 대기도 대적반의 중심을 통하여 약 100m/s의 빠른 속도로 흘러 다시 내부로 들어가 순환을 계속한다. 목성이 태양에서 받은 열보다 더 많은 열을 발산하는 이유도 순도 높은 철 성분으로 이루어진 중심핵과의 자전주기 차이로 인한 상대속도 차이로 자기장이 만들어질 때 함께 많은 열이 발생하기 때문이며 위의 그림은 지구에서 발생한 태풍을 인공위성에서 관찰한 모습으로 목성의 대적반과 구조와 원리는 비슷하다.

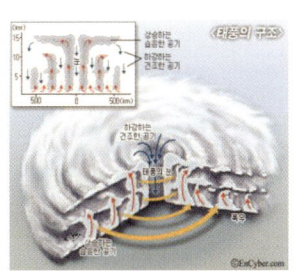

소행성대

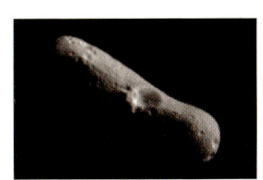

소행성의 발견은 19세기가 되어서야 비로소 이루어졌다. 천왕성과 해왕성이 발견되기 전에 각 행성의 태양으로부터의 거리는 티티우스-보데 법칙(Titius-Bode law, 행성들은 태양으로부터 일정한 거리를 두고 위치한다는 법칙)과 일치했다. 이 법칙은 경험에 의해 얻어진 것으로 신뢰도는 낮았다. 1781년 천왕성이 발견되었고, 관측된 천왕성의 궤도는 이 법칙과 일치하였고, 티티우스-보데 법칙은 다시 주목을 받기 시작했다. 이 이론에 의하면 화성과 목성 사이에 하나의 행성이 존재해야 했는데, 행성은 발견되지 않았다. 하지만 꾸준한 노력으로 1801년에 소행성(현재는 왜소행성으로 분류됨) 세레스(Ceres)가 처음 발견되었다. 그 후로 비슷한 궤도 위치에서 소행성들이 지속적으로 발견되었고, 이것들이 주로 발견된 화성과 목성 사이의 지역을 소행성대(Astroid belt)라 한다.

모든 소행성이 화성과 목성 사이의 궤도에 분포하는 것은 아니다. 트로이 소행성군(Trojan asteroid group)이라 불리는 소행성 그룹은 목성 궤도 위에 있고 목성 앞뒤로 60° 위치에 존재한다.

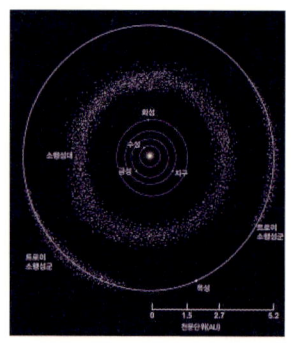

그리고 지구와 화성 사이에 있는 아모르 소행성군(Amor asteroid group), 근일점이 지구궤도 안쪽에 존재하는 아폴로 소행성군(Apollo asteroid group)이 있다. 이 아폴로 소행성군은 지구궤도를 가로지르는 공전을 하고 있다.

소행성에도 위성이 있을까 소행성은 중력이 작아서 위성이 없을 것이라고 여겨져 왔다. 하지만 갈릴레오 우주선이 소행성 아이다(Ida)의 위성을 발견함으로써 소행성 연구의 새로운 장을 열었다. 아이다는 태양으로부터 평균 4억 3천만km 정도 떨어진 거리에서 공전을 하고, 지름이 약 56km이다. 미 항공우주국(NASA)의 소행성 관측 우주선인 니어-슈메이커(NEAR-Shoemaker : Near Earth Asteroid Rendezvous)호도 소행성 에로스(Eros)에 근접 비행을 하며 많은 자료를 지구로 보내왔다. 니어-슈메이커호는 착륙선으로 설계되지는 않았지만 에로스를 선회한 후 표면에 경착륙을 성공하였고, 더욱 많은 자료를 보내왔다.

현재의 행성 진화론적 모델은 소행성과 같은 수많은 조각들이 부착되어 생성된 것이 행성이라고 본다. 따라서 소행성들은 그 기원이 행성으로 뭉쳐지지 못해 행성 잔여물이라고 여기고 있다.

화성과 목성 사이가 아닌 또 다른 위치에서 소행성 무리를 볼 수 있다. 목성과 같은 궤도로 목성의 앞뒤로 60° 위치에 두 무리가 존재한다. 이를 트로이 소행성군(Trojan asteroid group)이라 한다. 이 소행성들이 위치한 곳은 목성과 태양의 상호작용에 의해 형성되는 중력적으로 매우 안정된 곳이다.

그리고 이 밖에도 지구와 화성 사이의 궤도에서 공전을 하고 있는 아모르 소행성군(Amor asteroid group), 공전궤도의 근일점에 다가갈 때 지구궤도를 가로지르는 아폴로 소행성군(Apollo asteroid group), 원일점을 향할 때 지구궤도를 가로지르는 아텐 소행성군(Aten asteroids group)이 존재한다. 여기서 아폴로와 아텐 소행성군은 지구궤도를 가로질러 운동하고 있어서 지구와 충돌 가능성이 제기되고 있는 소행성들이다.

소행성의 구성 물질

소행성은 스펙트럼형에 따라 크게 C-형, S-형, M-형으로 구분하는데 대부분의 소행성은 C-형의 형태를 띤다. C-형 소행성은 전체 소행성의 약 75%가 차지하고 있다. 그리고 반사도가 낮아 매우 어두우며, 탄소질이 풍부한 것으로 추측된다. C-형 소행성은 주로 태양에서 약 3AU(약 4억 5천만km)이상 떨어진 궤도를 돌지만, 거의 소행성대 전역(2~4AU)에 걸쳐서 관측되고 있다.

S-형 소행성은 전체 소행성의 약 1/6(약 17%)을 차지하고 있다. 규산 철과 규산마그네슘 등의 석질의 물질을 주성분으로 하는 소행성으로 니켈과 철 등의 금속물이 혼합된 화학조성을 갖고 있으며 반사 도는 0.10에서 0.22로 비교적 밝은 외관을 가지고 있다. 주로 화성과 목성 사이의 소행성벨트 중앙보다 안쪽 궤도(2~3.5AU)를 돌며, 가스프라(Gaspra), 아이다(Ida), 에로스(Eros)등이 여기에 속한다.

M-형 소행성은 금속 성분이 많이 포함되어 있으며, 철이나 니켈에서 나타나는 스펙트럼을 보인다. 그리고 소량의 암석 성분도 포함하는 소행성이다. 약간 붉은색을 띠고 반사 도는 0.10에서 0.18로 중간 정도이다. 주로 S-형 소행성이 있는 내부 소행성대(2~3.5AU)에 같이 존재한다.

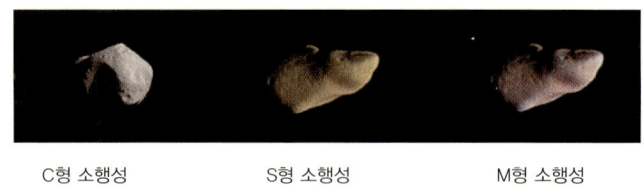

C형 소행성　　　S형 소행성　　　M형 소행성

29. 화성과 목성 사이의 소행성대가 만들어지는 과정

태양계 블랙홀 엔진에서 여러 행성이 외곽으로부터 차례대로 분리되고 암석 물질로 구성된 수성, 금성, 지구, 달, 화성을 모두 합한 질량(1.1889×10^{25}kg)의 약 160배에 달하는 거대한 질량의 목성(1.8988×10^{27}kg)이 태양계 블랙홀 엔진에서 분리된다.

암석 물질로 구성된 지구형 행성들이 가지고 있는 총 에너지의 약 160배에 달하는 에너지를 가지고 목성계와 둘로 분리되어 왜소해진 태양계 블랙홀 엔진과 거대한 목성계 블랙홀 엔진이 동시에 가동된다. 거대한 목성계에 많은 에너지와 껍질 부분을 모두 빼앗긴 태양계 블랙홀 엔진 외곽의 암석으로 이루어진 물질들은 미처 한곳에 모이지 못하고 급격하게 냉각되어 동시에 소행성들이 만들어졌으며 목성과 화성 사이에서 띠를 이루게 되는데 이를 소행성대라고 한다.

　미국항공우주국(NASA)의 무인우주탐사선 '돈'(Dawn)이 2015년 3월 6일 오후 9시 39분(한국 시간) 궤도진입에 성공한 왜소행성 세레스(Ceres)는 약 4.6년의 공전주기와 약 9.7 시간의 자전주기를 갖고 있으며 과거에 블랙홀을 보유 하였기 때문에 저밀도의 대기를 보유하고 있으며 물은 소량으로 극지방에 얼음 형태로 존재할 것으로 추정된다.

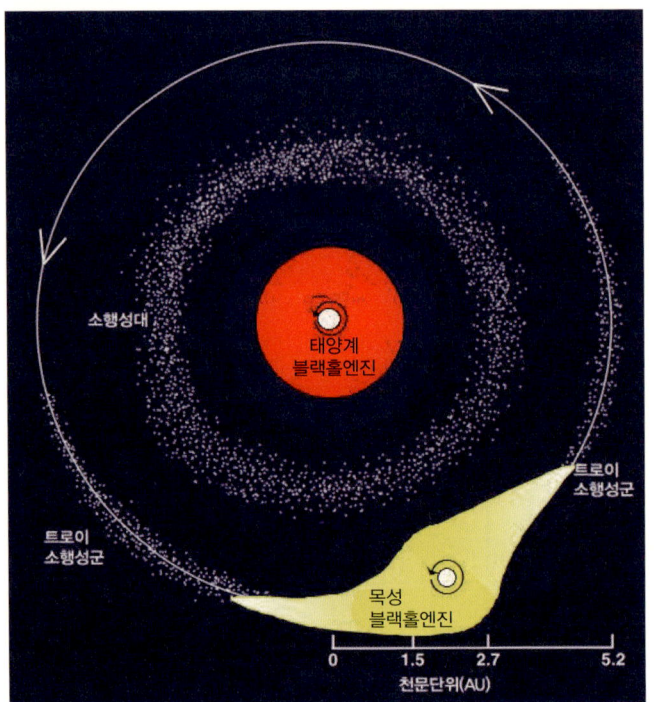

30. 트로이 소행성군이 만들어지는 과정

태양계 블랙홀 엔진과 목성계가 분리되는 과정에서 ⊖전하를 띤 뜨거운 기체 상태 암석형의 물질들이 ⊕전하를 띤 목성의 중심핵으로 모여들게 된다.

목성 중심으로 모이는 과정에서 목성의 꼬리 부분에 상당하는 기체 상태의 암석형 물질의 입자들이 목성 중심에 미처 모이지 못하고 굳게 되어 중심에 ⊕전하를 띤 핵을 갖게 되어 전자기적으로 안정을 하게 된 소행성들은 더 이상 ⊕전하를 띤 목성 중심핵의 영향을 받지 않고 그 자리에서 굳어 목성공전 궤도 위에 목성 앞뒤로 60° 위치에 존재하는 트로이 소행성군이 되어 목성과 함께 태양을 공전하게 된 것이다.

소행성대 왜행성 '세레스' 비밀 풀린다(전자신문 2014. 10. 01)

미 항공 우주국 나사(NASA) 산하 제트추진 연구소 JPL이 지난 9월 16일 왜행성인 세레스를 향하고 있는 탐사선 돈(Dawn)이 로켓 문제 발생 등으로 인한 문제는 해결했다.

돈은 지난 2007년 9월 27일 발사 이후 2011년 7월에는 소행성 베스타에 도착해 2012년 9월까지 탐사를 진행했다. 이어 지금은 다음 목적지인 세레스를 향하고 있다. 하지만 지난 9월 11일 로켓에 문제가 발생하면서 최소한의 기능만 작동하는 안전모드에 들어갔고 9월 15일 복구 이후 운전을 재개한 상태다. JPL 측은 고장 원인이 우주선 영향인 것으로 추정하고 있다.

이에 따라 돈은 당초 도착 예정인 2015년 3월보다 1개월 늦어진 4월 세레스에 도착할 예정이다.

돈이 세레스에 도착하게 되면 왜행성의 물질 구성이나 형태에 대한 연구 결과를 얻게 될 것으로 기대된다. 왜행성이란 태양계를 돌고 있는 천체로 구형에 가까운 모양을 유지할 수 있는 중력을 갖춘 질량, 다른 행성의 위성이 아닌 조건을 갖고 있다.

세레스(Ceres)의 경우 궤도는 화성과 목성 사이 소행성대에 위치하고 있다. 지름은 950km로 소행성대에선 가장 크고 무겁다. 세레스는 태양계 소행성대에 존재하는 유일한 왜행성이라는 점 때문에 주목받고 있다. 구형이며 표면에 물 얼음이 있고 표면 아래 물로 이뤄진 바다가 있을 것으로 추정되고 있다. 아직까지 지구의 어떤 탐사선도 세레스를 탐사한 적이 없다.

돈이 세레스에 도착하게 되면 5개월 동안 탐사를 진행할 예정이다. 돈은 이를 위해 영상 분리형 카메라와 분광계, 감마선과 중성자 감지기 등을 탑재하고 있다. 관련 내용은 이곳에서 확인할 수 있다.

화성

화성은 영화와 소설의 소재로 많이 쓰이며, 태양계 행성 중 우리의 관심을 가장 많이 끌고 있는 행성이다. 지구에 가장 가까이 있고, 여러 가지 에피소드에 의해 생명의 존재 가능성이 제기되어 신비감과 공포감을 동시에 가져다준 행성이 바로 화성이다. 이러한 관심은 마리너 6, 7, 8, 9호, 바이킹 1, 2호 등 많은 우주선들이 화성을 탐사를 이끌어 냈고, 현재 화성에는 생명체가 없다는 것으로 알려지기는 했지만, 계속되는 생명체에 대한 관심과 제2의 지구라는 생각으로 여러 우주선들의 화성 탐사를 유도했다. 그리하여 화성에 대한 더 많은 자료를 확보함으로써 화성 연구에 많은 진척을 가져 왔고, 지금도 우주선들이 화성을 탐사하고 있다.

대기

화성의 대기는 아주 희박하다. 지표 부근의 대기압은 약 0.006기압으로 지구의 약 0.75%에 불과하며 대기의 구성은 이산화탄소가 약 95%, 질소가 약 3%, 아르곤이 약 1.6%이고, 다른 미량의 산소와 수증기 등을

포함한다. 이는 금성과 매우 비슷한 대기의 구성이다. 하지만 금성에 비해 대기가 매우 희박하여 금성과 같이 높은 온도를 가질 수 없다.

2003년 지구에서 망원경에 의한 관측으로 화성 대기에 메탄이 있다는 가능성을 제시하였고, 2004년에 마스 익스프레스 탐사선(Mars Express)의 조사가 이루어졌다. 이 조사에 의해 사실상 메탄의 존재가 확인되었다. 화성에 메탄이 존재한다는 것은 매우 흥미로운 일이다. 왜냐하면 화성의 환경에서 금방 소멸해버리는 메탄이 발견된다는 것은 어디선가 끊임없이(또는 적어도 최근 100년 이내) 보충 받고 있음을 알려주는 것이기 때문이다. 가스의 생성원인으로는 화산활동이나 혜성의 충돌, 혹은 미생물의 모양으로 생명이 존재한다는 등의 가능성을 생각해 볼 수 있으나 아직까진 모두 확인되지 않았다.

온도

화성의 표면온도는 약 −140℃~20℃ 정도로 평균온도는 약 −80℃이다. 이렇게 낮은 온도는 화성의 대기가 희박하기 때문에 열을 유지할 수 없기 때문이라 알려져 있다. 화성의 극지방에 존재하는 빙관 또한 낮은 온도로 인해 존재가 가능하다.

지형

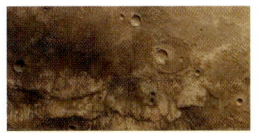

화성의 지형은 크게 두 개의 특징으로 나눈다. 북반구는 용암류에 의해 평평하게 만

들어진 평원(북부평원의 생성 원인으로 대량의 물에 의한 침식설도 있다)이 펼쳐져 있으며 남반구는 운석충돌에 의한 움푹 팬 땅이나 크레이터가 존재하는 고지가 많다. 지구에서 본 화성 표면도 그 때문에 두 종류의 지역으로 나뉘어 양쪽의 밝기가 다르다. 밝게 보이는 평원은 붉은 산화철을 많이 포함한 티끌과 모래로 덮여 있으며 아라비아 대륙이나 아마조니스 평원 등으로 불리게 되었고, 어두운 곳은 바다로 생각하고 에리트레아 해(Mare Erythraeum라틴어로 홍해를 뜻함), 세이렌의 바다(Mare Sirenum), 오로라 만(Aurorae Sinus) 등으로 불린다.

그리고 화성의 표면은 주로 현무암과 안산암의 암석으로 되어있다. 이 두 가지는 지구상에서 마그마가 지표 근처에서 굳어 생기는 암석이며, 포함된 이산화규소의 양으로 구별된다. 화성의 대부분의 지역은 미세한 티끌로 두께 수 m 혹은 그 이상 덮여있다. 이 먼지들은 대부분 산화철로 되어있어서 화성은 전체적으로 붉게 보인다. 화성의 극지방에는 물과 이산화탄소의 얼음으로 된 극관이 있으며 화성의 계절에 의해 변화한다. 이산화탄소 얼음은 여름에는 승화하여 암석으로 된 표면이 나타나고 겨울에는 다시 얼음이 된다. 그리고 물의 얼음은 여름에도 계속해서 극관에 얼어 있다.

화성의 올림푸스 산(Olympus Mons)은 높이가 약 25km이며, 태양계 최고높이의 산이다. 이 산은 타르시스 고지라고 불리는 넓은 고지에 있다. 화성에는 태양계 최대의 협곡인 마리네리스(Valles Marineris)협곡도 존재한다. 이 협곡은 길이가 약 3,000km, 깊이는 약 8km, 그리고 부분적인 폭이 500km에 달한다. 화성에는 많은 크레이터도 존재하는데 그중 최고는 헬라스 분지(Hellas impact basin)로 밝은 적색의 모래로 덮여있다.

나사는 화성 탐사로봇 큐리오시티(Curiosity)가 지난 2012년 8월 화성 적도 부근의 게일 분화구에 착륙해 채취한 토양 표본과 암석을 분석한 결과, 게일 분화구의 중심부에 솟은 샤프산(Mount Sharp)이 최소 100만 년에서 길게는 수천만 년에 걸쳐 대형 호수에 퇴적물이 쌓이면서 만들어진 것으로 추정된다고 밝혔다.

내부 구조

화성의 반지름은 지구의 절반가량인 약 3,400km이며, 질량은 지구의 1/10인 약 6.4×10^{23}kg이다. 밀도는 3,930kg/m³이며, 지구에 비하여 작은 편이다. 이처럼 밀도가 작은 것은 화성의 내부구조가 지구와 다르다는 것을 의미한다. 특히 내부의 무거운 핵이 상대적으로 작을 것이며, 지구의 핵보다 가벼운 원소로 이루어졌을 것이다.

자전

화성의 자전주기는 약 24시간 37분으로 지구와 거의 비슷하다. 자전축 또한 약 25° 기울어진 것이 지구와 비슷하다. 따라서 지구와 같이 계절의 변화가 생길 것이다. 하지만 화성의 운동이 장기간 동안 안정한지를 조사하기 위하여 수행된 시뮬레이션의 결과로 자전축이 크게 변하는 현상을 겪고 있다는 것을 알았다. 화성의 자전축은 수백만 년에 걸쳐 불규칙하게 변동하고 있고, 이 변동은 태양과 다른 행성들과의 중력 상호작용에 의한 것으로 추정된다.

흥미 있는 것은 이러한 변동 현상의 시뮬레이션이 일반상대성 이론의 효과를 무시한다면 일어나지 않았을 것이라는 사실이다. 이것은 태양의 중력으로 인해 생기는 시공간의 휨이 화성 궤도에서도 영향을 주고 있는 것으로 보인다. 이것으로 지구의 기울기는 우연으로 생기지 않았음을 의미하고, 지구의 안정된 자전축은 거대한 위성인 달과의 상호작용으로 형성되었음을 알려준다.

궤도

태양과 화성 사이의 거리는 평균 1.52AU 정도로 화성의 공전 주기는 약 687일이다. 화성의 공전궤도는 약간 찌그러진 타원의 형태를 하고 있다. 이에 따라 지구와 가장 가까울 때는 0.37AU(약 5천 5백만 km) 정도이다.

자기권

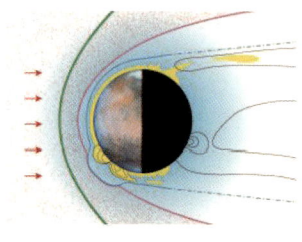

화성의 자기장 세기는 지구의 대략 1/800이라 알려져 있으며, 이는 매우 작은 값이다. 화성의 자전 속도는 지구와 비슷하며, 과거 화산활동을 근거로

액체의 내부가 있을 것이라 여겨진다. 따라서 화성은 어느 정도 강한 자기장을 가지고 있어야 한다. 하지만 측정결과 자기장이 매우 약하다는 점에서 보편적인 자기장 설명인 다이너모이론으로 설명이 힘들다.

화성의 위성

화성에는 두 개의 위성, 포보스(Phobos)와 데이모스(Deimos)가 있다. 이 두 위성은 1877년 미국의 천문학자 홀(Asaph hall)에 의해서 발견되었다. 이 두 위성은 화성의 적도면 근처를 거의 원 궤도를 그리며 돌고 있다. 포보스는 타원체로 지름이 약 27km이며, 화성으로부터 약 9,380km의 거리에서 7시간 30분 정도의 공전 주기로 돌고 있다. 포보스는 화성의 자전 속도 보다 빠르게 공전하기 때문에 화성 지표면에서 보면 서쪽에서 떠서 동쪽으로 질 것이다.

데이모스는 타원체로 지름이 약 16km이며, 화성으로부터 약 23,500km 떨어져서 30시간 30분 정도의 공전 주기를 가지고 있다. 그리고 화성의 두 위성도 지구의 달과 같이 자전주기와 공전주기가 같아서 화성에 항상 같은 면만 향한다.

31. 화성이 만들어지는 과정

우리은하계에서 냉각 분리되어 태양계 블랙홀 엔진의 가동으로 오르트구름, 카이퍼 벨트, 명왕성, 해왕성, 천왕성, 토성이 만들어지고 목성계가 분리되는 과정에서 소행성대가 만들어진다. 태양계 블랙홀 엔진은 계속 냉각되어 밀도가 높은 지구와 같은 암석형의 행성을 만들게 되는데 행성이 만들어질 때는 밀도가 작은 물질부터 외곽으로부터 냉각되어 태양계 블랙홀 엔진 외곽에서 암석형 행성 중에서 가장 먼저 화성이 만들어졌기 때문에 다른 암석형 행성보다 밀도가 작은 이유이기도 하다.

32. 화성에 대기가 희박한 이유

화성이 자전으로 인한 원심력으로 화성중심에 블랙홀이 만들어지게 되는데 화성 블랙홀 엔진이 가동하여 위성을 만들게 된다. 이때 블랙홀을 통하여 순환하는 가스와의 마찰에 의하여 정전기가 발생한다. 화성 블랙홀 엔진이 냉각되어 블랙홀이 사라지게 되면 ⊖전하를 띈 순환하는 가스가 ⊕전하를 띈 화성에 모여 화성의 대기가 되는데 화성은 보유한 에너지가 적어 짧은 시간에 냉각되어서 순환하는 가스와의 마찰시간이 짧아 정전기가 적게 발생하여 희박한 대기를 보유하게 되었다.

33. 화성의 위성이 공 모양을 갖추지 못한 이유

화성 블랙홀 엔진에서 분리된 기체 상태의 위성이 냉각되어 액체 상태에서 분자 간의 인력이 작용하여 공 모양을 갖출 수 있을 정도의 충분한 에너지를 보유하지 못하고 바로 고체가 되어 화성의 위성은 공 모양을 갖추지 못하고 찌그러진 모습이 되었다.

34. 화성에 자기장이 희박한 이유

화성의 자기장은 ⊕전하를 띈 화성 중심의 핵과 서로 성질이 다른 ⊖전하를 띈 화성의 껍질과의 자전주기차이에 의한 상대속도차이에 의하여 발생하는 전자기적 현상으로 화성은 지구와 비교하여 중심부 온도가 낮아 핵과 껍질 사이의 유동성과 밀도 차이가 적어 자전 속도가 낮아 핵과 껍질과의 회전주기 차이에서 발생하는 상대속도 차이가 적게 발생하기 때문에 지구보다 희박한 자기장을 갖게 되었다.

화성 자기장, 소행성 충돌로 사라졌을지도 연합뉴스 (2008. 11. 20)
(서울=연합뉴스) 42억 년 전 화성에 지름 3천㎞의 초대형 크레이터를 형성한 소행성 충돌로 화성의 자기장이 사라졌을지도 모른다는 연구가 나왔다고 디스커버리 채널 인터넷판이 보도했다.
화성이 탄생했을 때는 초기의 지구와 마찬가지로 뜨겁고 물이 많고 녹은 용암이 솟구치는 행성이었을 것이며 녹은 암석과 금속이 자력(磁力) 발전을 일으켜 표면과 대기권을 우주광선으로부터 보호했을 것으로 학자들은 보고 있다.
그러나 약 42억 년 전 지름 200~500㎞의 소행성 최소한 20개가 화성에 떨어지면서 거대한 크레이터를 남긴 것으로 추정되고 있는데 지구의 거대 공룡들을 멸종시킨 것으로 추정되는 소행성의 지름이 8~13㎞이었을 것이라는 가설과 비교할 때 그 위력은 상상을 초월하는 수준으로 짐작된다.
미국 산타크루즈 캘리포니아 대학 연구진은 이들 소행성 가운데 하나가 화성 북반구에 지름 3천㎞의 유토피아 분지를 만들었을 것이며 41억 년 전부터 이 분지는 자기활동의 흔적을 보이지 않았다고 지적했다. 이는 자기장이 사라졌을 당시 암석이 식어 있었음을 의미하는 것이다. 연구진은 화성이 식고 있는 상황에서 유토피아 분지를 만든 소행성 충돌이 자기 동력에 미쳤을 영향을 계산한 결과 이 소행성이 약 1조 메가톤의 에너지를 맨틀 층에 가했을 것으로 보인다고 밝혔다. 이는 히로시마 원자폭탄 폭발력의 10조 배에 가까운 것이다.

연구진은 "화성의 핵이 동력을 형성하려면 조직적인 대류가 있었어야만 했다"면서 "큰 힘으로 대류를 막으면 동력은 차단된다."고 지적했다. 이어 충격으로 맨틀 층이 식으면서 화성 핵에는 발전을 재개할만한 에너지가 남아있지 않게 됐으며 자기장은 영원히 사라지게 됐다는 것이다.

35. 화성에 마른 호수가 만들어진 원리

태양계 블랙홀 엔진에서 분리되어 자전을 하게 되면 원심력에 의하여 만들어진 화성 블랙홀을 통하여 순환하는 가스에는 수증기도 함께 포함되어 순환하며 화성 블랙홀 엔진을 냉각하게 된다. 순환하는 과정에서 만들어진 정전기에 의하여 화성 블랙홀 엔진을 순환하던 ⊖전하를 띈 가스, 수증기 등은 ⊕전하를 띈 화성의 대기가 된다. 대기에 포함되어 있던 수증기는 차가운 곳에서 응축하여 물이 된다.

화성은 지구에 비하여 질량이 적고 많은 에너지를 보유하지 못하여 오랫동안 자전을 하지 못하고 빠르게 냉각되어 정전기를 많이 보유하지 못하여 지구에 비하면 미미한 수준의 대기와 수증기를 보유하게 되었다. 수증기는 현재 남극과 북극지방에 호수를 이루며 얼음 형태로 존재하게 되었다.

수증기는 차가운데 모여 물이 되는 특성이 있기 때문에 화성의 지각이 냉각되어 고체로 되는 과정에서 최초에 수증기가 냉각되어 호수가 만들어진 곳은 극지방이 아니고 화성의 자전에 의하여 원심력이 가장 큰 적도지방에 위치한 가장 높은 산의 분화구일 것이다.

수증기가 물이 되어 분화구에 모이게 되면 얇은 지각이 물의 무게에 의하여 분화구는 점점 깊고 넓어지게 되면 그 압력으로 마그마가 분지 주변으로 흘러나와 굳어서 여러 층을 이루게 된다. 이때 분지면적이 넓게 되면 분지 중간의 강도가 약하여 분지 가운데를 뚫고 마그마가 나와 굳기를 반복하면 분지 가운데에는 산이 만들어진다. 아래 기사의 사진처럼 얇은 두께의 여러 층을 이루며 호수와 산이 만들어졌으며 층의 두께는 당시 지각의 두께이며 호수의 깊이와 산의 높이는 호수와 산이 만들어진 시간의 기록이다. 대기 중의 수증기가 모두 물이 되고 나면 산은 더 이상 성장하지 않고 높이가 고정된다. 적도 지방에 만들어진 호수의 물은 화성이 냉각됨에 따라 상대적으로 온도가 낮은 남극과 북극 지방의 크레이터에 모이게 된다. 극지방의 크레이터에 모인 물의 무게만큼 크레이터는 점점 깊고 넓어지며 물은 극지방 호수에 얼음 형태로 남아 있게 되었다.

▲ 화성 탐사로봇 큐리오시티(Curiosity)가 촬영한 화성 표면의 모습. /NASA 제공

NASA "화성에 수백만 년 동안 큰 호수 있었다…생명체 존재했을 가능성"(조선일보 2014. 12. 09)

화성에 생명체가 존재했을 가능성을 높여주는 증거가 발견됐다. 미 항공우주국(NASA)이 화성에 생명체가 생겨나고 번성하기에 충분한 시간인 수백만 년간 대형 호수가 존재했던 것으로 추정했다고 뉴욕타임스(NYT)가 8일(현지시각) 보도했다.

나사는 화성 탐사로봇 큐리오시티(Curiosity)가 지난 2012년 8월 화성 적도 부근의 게일 분화구에 착륙해 채취한 토양 표본과 암석을 분석한 결과, 게일 분화구의 중심부에 솟은 샤프산(Mount Sharp)이 최소 100만 년에서 길게는 수천만 년에 걸쳐 대형 호수에 퇴적물이 쌓이면서 만들어진 것으로 추정된다고 밝혔다.

지금까지의 탐사 결과에 따르면 화성에 물이 존재했던 기간은 수백~수천 년에 지나지 않아 생명체가 탄생하기에는 지나치게 짧은 기간이었다. 과학자들이 일반적으로 동의하는 3가지 생명 탄생 충족 요건은 '충분한 양의 고여 있는 물과 에너지원', '기초 5물질(탄소, 산소, 수소, 인, 질소)', '아주 긴 시간'이다. 화성은 지구와 유사한 탄생 연도를 가지고 기본 물질들과 에너지원의 원자들도 발견됐지만, 문제는 '물'이었다.

이번 큐리오시티의 발견은 화성에 생명체 존재하기에 충분한 수백만 년 동안 물이 화성에 존재했다는 것을 보여준다. 나사 화성자료 분석팀 존 그롯징어 박사는 "이것이 화성에 생명체가 실제로 살았다는 것을 증명하지는 않지만, 적어도 고대 화성은 생명체가 탄생하고 성장하기에 적합한 환경이었다는 사실을 보여준다"며 "비록 현재 표면의 물은 말라 있지만, 지하에는 상당한 양의 물이 매장되어 있을 것으로 추정할 수 있다"고 NYT에 밝혔다.

나사는 또한 원시 지구와 원시 화성의 성장환경이 매우 유사했을 것이라는 분석도 제시했다. 큐리오시티팀의 로지 서먼스 MIT 박사는 "지금까지의 발견과 분석들을 종합해볼 때, 유사한 시기에 탄생한 두 행성은 초기 10억 년 동안 생명이 존재할 수 있는 안정적인 환경을 공유하고 있었다"고 밝혔다. 그는 "약 38억 년 전에 지구에 최초로 생명체가 탄생한 것으로 알려져 있는데, 화성에서도 비슷한 시기에 생명체가 나타났을 것으로 추측 된다"고 말했다.

서먼스 박사는 또한 "35억 년~40억 년 전 화성에도 두꺼운 대기층이 존재해 구름이 낀 파란 하늘과 산, 호수, 강 등이 있었을 것으로 추정 된다"고 말했다. 그러나 초기 10억 년이 지난 후 화성에서는 행성을 보호하는 대기층이 빠르게 소진되면서 지구와는 다른 환경으로 변화해 간 것이라고 설명했다.

화성의 올림푸스 화산과 마리네리스 협곡

천문학 전문 웹사이트 '데일리 갤럭시'가 지난 2일 화성의 올림푸스 몬스(Olympus Mons)를 소개하여 시선을 끌었다. 라틴어로 '올림푸스 산'이라는 뜻을 지닌 올림푸스 몬스는 바로 태양계에서 가장 높은 산이자 가장 높은 화산이다. 화성의 적도 북쪽 타르시스 지역에 위치한 화산 중 하나이다.

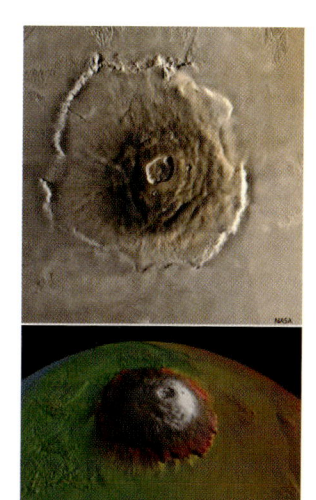

태양계 최고봉을 자랑하는 올림푸스 몬스의 중심부 높이는 무려 27km로, 지구에서 가장 높은 산인 에베레스트보다 3배나 높다. 화산 꼭대기의 함몰지대인 칼데라 깊이만 3천 미터에 이를 정도. 올림푸스 몬스가 이렇게 높게 형성 유지될 수 있었던 것은 지각 변동이 거의 없었기 때문에 가능한 일이다.

남다른 높이 덕분인지 올림푸스 몬스의 존재는 이미 19세기 천문학자들에게도 알려져 있었다. 영국의 천문학 전문가 패트릭 무어에 따르면 이탈리아 천문학자 지오반니 스키아파렐리는 '화성에 모래 폭풍이 이는 기간에도 올림푸스 스노우는 볼 수 있다'는 말을 남겼다고. 1972년 화성 탐사를 통해 이것의 정체가 화산이라는 것이 밝혀지기 전까지 천문학자들은 이를 태양빛이 반사되는 지역이라 여겨 '올림푸스 스노우'라 불렀다.

화성의 '마리네리스(Valles Marineris)' 협곡은 총 길이 4,000km, 폭 200km, 깊이 10km로 추정되며 '화성의 흉터'로 불리고 있다. 지금까지 발견된 태양계 최대의 협곡으로 깊이가 미국 그

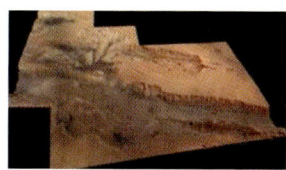

랜드캐니언의 6배에 이른다. 워낙 거대해 우주에서도 관측이 가능하다는 것.

이 사진은 최근 유럽우주기구(ESA)가 화성탐사선 마스 익스프레스(Mars Express)를 통해 촬영한 것으로 전해졌다.

이곳의 전체 모습은 앞서 2004년 미항공우주국(NASA)에 의해 처음 공개됐다. 전문가들은 과거 이곳에 엄청난 양의 물이 흘렀을 것으로 추정하고 있다.

36. 화성의 올림푸스 화산과 마리네리스 협곡이 만들어지는 과정

화성이 냉각되어 지각이 만들어진 후에 온도변화에 의한 내부의 체적변화에 의하여 내부의 압력이 변하기 때문에 나타나는 물리적인 현상으로

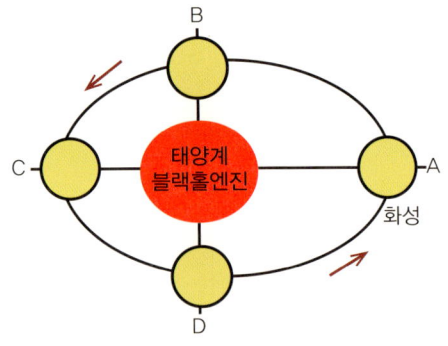

액체상태의 마그마는 비압축성이기 때문에 이러한 현상이 나타난다. 화성의 올림푸스 화산은 순상화산으로 내부압력이 상승하여 팽창된 마그마가 지각을 뚫고 서서히 흘러나올 때 나타나는 경사가 완만한 화산이며, 이와 반대로 화성의 마리네리스 협곡은 내부압력이 낮아졌을 때 지각이 푹 꺼지는 현상이다.

화성이 태양계 블랙홀 엔진을 중심으로 타원궤도로 공전하며 화성의 위성을 만들고 냉각되어 블랙홀이 사라지고 화성에 지각이 만들어지고 식어가는 과정에서 올림푸스 화산과 마리네리스 협곡이 만들어지게 된다.

화성이 타원궤도를 공전하며 가장 차가운 원일점 'A'를 통과하며 지각이 만들어진다. 지점 'A~B'에서 내부압력이 상승하기 시작한다. 지점 'B'에서 화산이 분출되기 시작한다. 내부압력은 계속 상승하며 근일점 'C'에서 화산분출이 최대가 된다. 서서히 화성 내부압력이 낮아지며 지점 'D'에서 올림푸스 화산은 활동을 멈추게 된다.

지점 'D~원일점 A'까지 내부압력이 낮아지며 마리네리스 협곡이 만들어진다. 가장 차가운 원일점 'A'를 통과하면 마리네스 협곡은 완성되며 내부압력은 다시 서서히 증가하게 된다. 이러한 과정이 반복되며 화산과 협곡이 계속해서 만들어지며 순차적으로 화산과 협곡의 규모는 적어진다.

37. 화성이 붉은 이유

화성이 냉각되면서 화성의 대기에 포함되어 있는 수증기에 의하여 화성토양의 철 성분이 산화철로 변하여 붉은색을 보이는 것이며 내부는 회색을 띠고 있다. 이때 수증기는 온도가 낮은 고산지대의 분화구에 액체 상태로 잠시 머무르다 온도가 낮은 극지방으로 이동하여 얼음으로 존재한다.

붉은 행성 화성, 실제 흙 색깔은 '회색' 지디넷 코리아 (2013. 02. 26)

'붉은 행성'으로 알려졌던 화성이 실제론 '회색 토양'으로 이뤄졌단 사실이 밝혀졌다.

25일(현지시간) 미국 씨넷은 화성탐사선 큐리오시티가 시추해 얻어낸 암석 샘플을 분석한 결과, 실제 표면 토양 색이 코끼리의 피부색과 유사한 회색으로 나타났다고 보도했다.

▲ 큐리오시티가 얻어낸 화성 토양 샘플. 회색빛을 띤다.

이 같은 사실은 큐리오시티가 최근 화성 표면을 시추해 확보한 암석 표본을 통해 알려졌다. 지구 이외의 행성에서 토양 성분을 채취, 분석한 것은 이번이 처음이다.

화성 표면 아래 토양은 균일한 회색이라기보다 부식작용을 거친 빛깔을 띠고 있다고 씨넷은 전했다. 이는 화성이 그간 '붉은색'으로 알려졌던 이유와도 일맥상통한다. 화성이 외관상 붉게 보이는 것은 표면을 뒤덮은 먼지층이 산화철로 이뤄졌기 때문이다. 씨넷은 "화성 표면은 혈색 좋게 빛나는 토마토라기보다 코끼리에 가깝다"며 "살짝 들여다본 화성의 속살은 호기심을 자아낼 만하다"고 평했다.

38. 화성의 많은 모래와 흙이 존재하는 이유

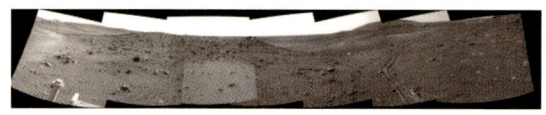

우주의 모든 물질도 온도에 따라 기체, 액체, 고체 형태를 달리하게 된다. 태양계 블랙홀 엔진에서 분리된 기체 상태의 화성은 냉각, 액화되어 구형을 유지하며 냉각되어 굳어가는 과정에서 화성의 지표면이 끓고 있을 당시 암석 물질들은 증발되어 암석 물질의 비가 내리기를 반복하며 냉각된다. 지구에서 물이 증발되어 비, 우박, 싸락눈, 눈이 내리는 것처럼 증발했던 기체 상태의 화성의 암석 물질들이 중력의 영향으로 하늘에서 기상조건에 따라 암석으로 이루어진 비, 바위, 암석, 모래, 흙으로 변하여 내리게 되는 것이다.

결이 고운 화성(Mars)의 모래 바위 아시아경제(2014. 05. 02)

[아시아경제 정종오 기자] 태양계의 행성 '화성'. 생명체가 살고 있을 가능성이 가장 높은 곳, 2030년에 인류가 첫발을 내디딜 곳으로도 알려져 있는 곳이다. 화성은 조금씩 그 비밀을 드러내면서 관심을 모으고 있다. 이런 화성의 지표면에 폭 1.6㎝, 깊이 2㎝의 구멍이 뚫렸다. 화성 착륙 탐사선 '큐리오시티(Curiosity)'가 지난달 29일(현지시간) 화성 지표면에 드릴을 이용해 조그마한 구멍을 뚫었다.

큐리오시티가 뚫은 곳은 '윈드자나(Windjana)'로 불리는 곳이다. 이 이름은 호주의 모래 바위로 이뤄져 있는 '윈드자나 협곡'에서 따왔다. 큐리오시티는 일주일 동안 '뚫을 곳'에 대한 적당한 장소를 찾아다녔다.

멜리사 라이스 캘리포니아기술연구소 박사는 "사진에서 보는 것처럼 화성의 바위는 아주 결이 고운 상태"라며 "앞으로 큐리오시티는 이를 토대로 화성의 모래 바위가 어떤 성분으로 구성돼 있는지 분석하게 될 것"이라고 말했다.

39. 화성의 위성 포보스(Phobos)와 데이모스(Deimos) 화성에 한 쪽면만 보이며 공전하는 이유

태양계의 모든 위성들은 동일한 면이 항상 모 행성을 향하게 되어 있다. 말하자면 위성이 모 행성을 한 번 공전할 때마다 한 번 자전한다는 이야기다. 이와 같이 자전주기가 공전주기와 같은 동주기 자전

(synchronous rotation)을 하는 원리는 화성에서 위성이 분리되어 기체 상태가 아닌 액체 상태로 화성을 공전하기 때문에 나타나는 현상으로 중력에너지는 질량의 곱에 비례하기 때문에 밀도가 높고 무거운 물질들은 화성 쪽으로 모이게 되고 그 반대쪽은 상대적으로 가벼운 물질들이 차지하게 되어 중력이 강하게 작용하는 밀도가 높은 쪽이 화성 방향으로 인력과 전자기적 반발력으로 고정되어 오뚜기처럼 화성에 한쪽 면만 보이며 공전하게 된 것이다.

화성 블랙홀 엔진 외곽에서 위성 데이모스(Deimos)와 포보스(Phobos) 만들게 되는데 보유하고 있는 에너지가 너무 적어 구형을 갖추지도 못한 채 화성에 한쪽 면만 보여주며 공전하고 있는 것으로 봐서는 화성에서 분리될 당시에 보유에너지 적어 빠르게 냉각이 되었다고 추정할 수 있다.

태양계에는 많은 위성들이 존재하는데 태양계의 중심으로 갈수록 위성들은 밀도가 높고 순도가 높아 인력이 크게 작용하여 위성들이 만들어지기도 어려우며 위성이 만들어지더라도 구형을 갖추기 전에 냉각되어 고체로 되기 때문에 구형을 갖추기는 어렵다.

포보스(Phobos)

데이모스(Deimos)

지구

우리가 살고 있는 푸른 행성이 바로 지구이다. 우주에서 봤을 때 푸른색의 바다와 녹색의 산과 갈색의 흙에 흰색의 구름이 조화를 이루고 있는 아름다운 행성이다. 현재 지구의 나이는 약 46억 년이라고 알려져 있으며, 원시 태양 주위에 있던 엄청난 수의 미행성이 충돌, 뭉쳐져서 원시 지구를 탄생시켰을 것이다.

탄생 직후의 지구는 고온의 마그마 바다였으나 미행성의 충돌이 잠잠해지면서 냉각하기 시작하고 얇은 지각이 형성되었다. 그리고 이산화탄소가 주성분이었던 원시 대기에 비가 내림으로써 바다가 형성되고, 이산화탄소가 바다에 녹아 하늘이 맑아졌을 것이다. 약 35억 년에서 25억 년 전쯤에 지표의 온도가 현재 지구 온도와 가까워졌고 지구 환경도 안정기에 접어들었다. 그리하여 35억 년 전에 비로소 지구에 원시 생명이 탄생한 것으로 추측하고 있다.

대기

현재 지구의 대기는 약 78%의 질소 분자와 21%의 산소분자, 1%의 물 분자, 그리고 미량의 아르곤, 이산화탄소 등으로 이루어져 있다. 금성과 달리 이산화탄소로 이루어지지 않은 이유는 금성보다 태

양에 멀리 떨어져 있어서 온도가 급상승하지 않았기 때문이다. 따라서 물의 증발에 따른 온실효과의 폭주현상이 일어나지 않았다. 그리고 대기 중의 이산화탄소는 물에 융해되어 암석에 갇히게 되고, 식물이 나타나게 되면서 광합성으로 인해 이산화탄소는 산소로 바뀌게 된다. 이로써 현재의 대기 분포를 이루게 된 것이다.

온도

지구의 평균온도는 약 290K이며, 수성이나 달처럼 온도 변화가 심하지 않다. 그 이유는 여러 가지가 있겠지만 대기에 의한 효과를 빼놓을 수 없다. 대기
는 태양의 빛을 어느 정도 줄여주며, 지표에서 빠져나가는 열을 잡아주기도 한다. 그렇게 하여 낮과 밤의 온도 격차를 줄여주어 생명체가 살기 적당한 온도를 유지시켜 준다.

하지만 산업화가 진행됨에 따라 이산화탄소를 비롯한 온실가스가 인위적으로 지구대기에 방출되고 있고, 이는 지구의 온난화를 초래하고 있다. 대기 중의 온실가스비율이 증가함에 따라 평균온도는 상승하고, 실제로 1970년도부터 평균온도는 지속적으로 상승하고 있다.

지구의 지형은 현재도 계속해서 변하고 있다. 이것은 지구 내부의 동적인 특성에 의한 것이다. 지구 표면의 암석권은 바다와 육지의 지각 그리고 맨틀의 외부 부분을 포함하고 있다. 대류 운동을 하는 맨틀

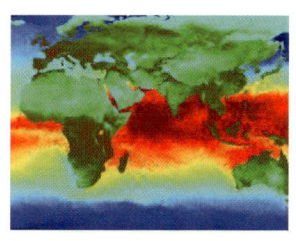
의 일부분에 의하여 지각 판들은 지구 표면을 움직이며 서로 충돌하거나 멀어진다. 이런 운동에 의하여 대서양의 길이는 매년 3cm씩 넓어지고 있으며, 지각 판이 서로 충돌하면 히말라야와 같은 산맥이 만들어지기도 한다.

자전

지구는 약 23시간 56분을 주기로 자전을 한다. 하루의 시간이 24시간인데 비하여 약 4분이 짧은 이유는 지구가 자전을 하는 동안 공전을 하기 때문이다. 즉 하루란 태양이 남중한 시간부터 다음날 남중할 때까지의 기간을 말하는데, 지구가 자전을 하는 동안 공전을 함으로써 4분 정도 더 돌아야 태양이 남중하게 되는 것이다. 그리고 지구는 약 23.5° 기울어져서 자전을 한다.

공전 지구는 태양으로부터 평균 1억 5천만km 떨어져서 1년을 주기로 공전한다. 이심률은 대략 0.017로 타원 형태로 공전을 하며, 태양과 가장 가까울 때는 1억 4,700만km까지 다가간다. 공전 속도는 약 29.8km/s로 아주 빠르며, 자전축이 기울어져 공전하기 때문에 계절의 변화가 생긴다.

내부 구조

지구 내부의 구조는 지표면에서의 관측으로 얻을 수 있다. 그중에서 가장 좋은 방법은 지진파의 분석이다. 지진파는 P파와 S파로 나눌 수 있는데 P파는 액체와 고체를 통과하는 종파이며, S파는 고체만 통과할 수 있는 횡파이다. 이것을 바탕으로 지진파 해 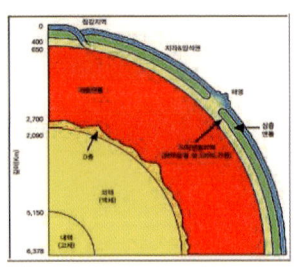 석에 의하면 지구는 외측부터 암석질의 지각, 암설질의 점탄성체인 맨틀, 금속질 유체인 외핵, 금속질 고체인 내핵이라는 구조로 나뉜다. 핵은 외핵과 내핵으로 나뉘는데, 유동적인 외핵은 반경 약 3,480km, 고체인 내핵은 반경 약 1,220km이다. 외핵은 철과 니켈이 주성분으로 추정되나 수소나 탄소 등의 경원소가 10% 이상 포함되어 있다고 가정하고 있다. 그래야 지진파의 속도와 밀도를 설명할 수 있기 때문이다. 내핵은 지구 내부가 차가워질 때 외핵의 철과 니켈이 침강되어 생긴 것으로 보며, 현재에도 계속 성장하고 있다.

대류와 지구자전의 원인으로 여겨지는 외핵의 유동적인 특성에 의해 전류가 발생하고, 이 전류에 의해 자기장이 생기는데 이것이 지구 자기장이다. 이처럼 지구의 자기장의 발생은 역학적 운동과 관련이 있고, 이것의 유지 구조를 다이나모 구조라고 한다.

맨틀은 지각 아래 있으면서 내부의 핵을 둘러 존재하는 두꺼운 암석층이다. 이것은 깊이 약 2,900km까지 존재하며 지구 부피의 약 83%, 질량의 약 67%를 차지하고 있다. 맨틀 전체의 화학조성은 직접적으로 알 수 없으나 감람석과 휘석 등의 물질들이 주로 구성되어 있고, 지각에 비하여 철과 마그네슘의 함량이 높다고 알려져 있다. 맨틀대류의 양상도 포함하여 맨틀은 화학적으로도 역학적으로도 연구대상인 영역이다.

지각과의 경계에는 지진파 속도가 불연속으로 변화하는 층이 있는데 이것을 모호로비치 불연속면(모호면)이라고 한다. 지각은 대륙지각과 해양지각으로 나눌 수 있다. 대륙지각은 현무암질의 하부지각과 화강암질의 상부지각으로 이루어져 있다. 두께(모호면까지의 깊이)는 지역에 의한 차가 커서 대략 30~60km으로 알려져 있고, 평균 밀도는 약 2,650 kg/m³이다. 그리고 해양 지각에 비해 알루미늄이 많으며 철과 마그네슘의 양이 적다. 해양 지각은 대부분 현무암질로, 두께의 대략적인 평균은 6~7km이고 평균 밀도는 약 2,950 kg/m³이다.

자기장

지구는 매우 커다란 자석으로 볼 수 있다. 막대자석의 자기력선이 철가루를 그림과 같은 형태로 만들어내는 것처럼,

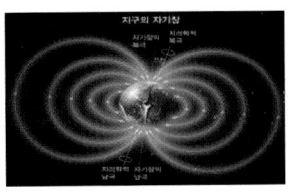

지구의 자기력선도 비슷한 형태로 나타난다. 이것이 나침반의 바늘이 항상 북극을 가리키는 이유이다. 자기장은 또한 정전기에 의해 대전된 물체들을 밀어낸다. 만약에 이러한 대전된 물체들이 자기장에서 움직인다면, 그것들은 자기장에 의해서 밀려날 것이다. 실제로

도 지구로 향하는 대전된 입자들(이온과 전자)은 지구 자기장에 의해 밀려나고 있다.

지구의 자기장은 태양의 변화에 영향을 받기 때문에 활발하고 동적이다. 태양풍의 돌풍이 많은 동안에, 강력한 자기폭풍은 오로라를 만들어 내기도 하고, 라디오와 텔레비전의 전파장애를 일으키며, 나침반이 있는 선박과 비행기들의 항해에 문제와 정전을 일으키기도 한다. 또 우주공간에서는 인공위성과 우주선에 해를 입히기도 한다.

40. 지구의 순환과정과 여러 현상들

지금으로부터 약45억 년 전에 탄생한 지구의 순환과정에서 반복적으로 발생하는 지축의 이동, 세차운동, 지자기의 역전현상, 빙하기, 대멸종이 발생하는 이유와 기타 지구의 순환 원리에 관한 이야기는 다음에 출판예정인 책『지구의 대멸종과 빙하기』편에서 다루기로 하고 이 책에서는 지구의 위성인 달과 관련된 이야기만 다루기로 한다.

달

지구의 위성인 달은 태양계의 행성은 아니지만 태양과 동등한 대우를 받고 있을 정도로 우리들의 관심과 연구의 대상이기 때문에 지구와 함께 다루기로 하였다.

　지구가 최초에 형성될 때 현재 화성 질량의 2배 정도 되는 천체와 지구가 충돌하였고, 이때 지구의 일부분이 떨어져 나가 현재 달이 되었다는 유력한 설이 있다. 충돌하기 이전에 지구는 충분한 시간을 두고 철과 같은 무거운 원소들이 내부로 가라앉아 달에는 철의 함유량이 적다는 것을 설명해준다. 그리고 충돌할 때의 고열 때문에 지구 지각의 휘발성 물질은 대부분 증발하여 달에는 휘발성 물질이 적다는 것 또한 설명이 가능하다.

대기

　달은 지표면에서의 중력이 매우 약하기 때문에 대기를 유지 할 수 없었다. 따라서 현재 달에는 대기가 거의 없고, 태양풍만으로도 달 내부에서 사온 미소량의 가스를 충분히 날릴 수 있을 정도이다.

온도

　달은 수성과 같이 대기가 거의 없기 때문에 온도의 변화가 약 100k~400k로 아주 크다.

지형

달의 겉보기 지형은 크게 두 가지로 나눌 수 있다. 이는 빛을 제대로 반사하지 못해 어두운 부분인 바다 부분과 밝은 대륙 부분이다. 바다 부분은 달의 약 35%를 차지하며, 대륙 부분에 비해 상대적으로 구덩이의 수가 적고, 현무암질의 용암이 흘러나와 구덩이

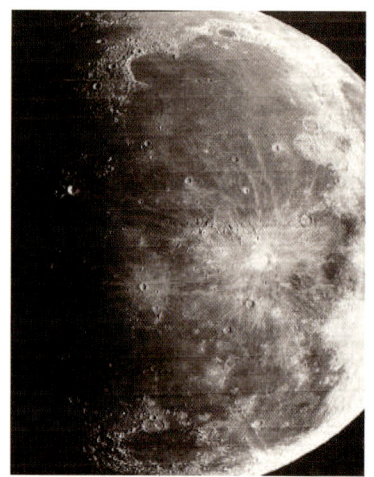

를 메워져 생긴 것으로 알려져 있다. 바다 부분 이외의 대륙 부분은 작은 돌들이 모인 암석으로 구성되어있다. 달에는 대기가 거의 존재하지 않기 때문에 운석이 그대로 월면에 충돌하여 크레이터를 만들고, 또한 물이나 바람에 의한 침식과 지각변동을 받는 일도 없기 때문에 수많은 크레이터가 만들어진 채 그대로 남아 있는 것이다. 이러한 대륙 부분은 주로 칼슘과 알루미늄이 많이 함유되어 있는 사정석으로 이루어져 상대적으로 밝아 보인다.

또한 달의 표면은 모래(레골리스 regolith)로 덮여있다. 레골리스는 운석 등에 의해 잘게 부서진 돌이 쌓인 것을 말하며, 달 표면의 거의 전체를 수십cm에서 수십m의 두께로 덮고 있다. 그 분자는 매우 미세하여 우주복이나 정밀기기 등에 침투하기 쉬워 문제를 일으키지만, 한편으로 레골리스의 약 절반이 산소로 구성되어있어 산소의 공

급원이나 건축 재료로써 기대를 받고 있다.

 2009년 9월 무인 달 탐사선 찬드라얀 1호(Chandrayaan-1, ISRO: 인도) 및 토성탐사선 카시니(Cassini)와 혜성탐사선 딥 임팩트(Deep Impact), 세 탐사선에 의해 달에 물 혹은 물의 기원인 수산기(히드록시기, hydroxyl group)가 존재한다는 것이 확인되었다고 발표했다. 확인된 물 혹은 수산기는 태양풍에 의해 운반된 수소이온이 월면에 있는 산소를 포함한 광물이나 유리질 물질에 충돌하여 생겨난 것으로 보이며 추출하여 수소와 결합하면 물을 만들어낼 수 있다고 보고 있다.

 그리고 2009년 10월 9일 NASA의 달 탐사선 엘크로스가 달의 남극부근에 있는 카베우스 크레이터에 충돌했다. 충돌에 의해 섬광과 분출물을 관측하는 것으로 물의 존재에 관한 증거를 얻었고, 그리고 10월 24일 일본 우주항공연구개발기관(JAXA)은 달 탐사선 카구야가 촬영한 영상의 분석으로 달의 앞면에 있는 평지 '폭풍의 바다'에 월면 최초로 지하 용암터널로 통하는 수직 구멍을 발견했다고 발표했다. 이번에 발견된 구멍은 '폭풍의 바다'에서 화산활동이 있었다고 여겨지는 지점에 존재하고 있고 지름 약 70m, 깊이 약 90m 구멍으로, 구멍 밑 부분은 적어도 가로 400m, 동굴 높이 20m를 넘는 터널이 있다고 한다. JAXA는 이번 발견이 미래에 유인탐사에 있어서 천연기지로서 활용이 유력하다고 하고 있다.

내부 구조

달의 내부 구조는 달의 지진을 통하여 파악하게 되었다. 달의 지진 중 대부분은 지구의 중력으로 인해 발생한 조석력에 의한 것이었고, 이로 인해 달에는 지각과 고체 암석권, 유동성 암류권, 그리고 철로 이루어진 것으로 추정되는 핵이 존재하는 것이 밝혀졌다. 그리고 달의 표면을 살펴보면 대부분의 바다 부분이 지구 방향으로 생성되어 있다는 점을 알 수 있다. 이는 지구 쪽의 달 표면의 지각이 얇기 때문에 운석과 같은 천체들과의 충돌로 인해 내부의 용암이 흘러나오는 가능성을 높이게 되었고, 이에 바다 부분이 많이 생성된 것이다. 그리고 지구 방향의 지각이 얇은 이유는 조석력에 의해 달 내부의 상대적으로 무거운 물질이 지구를 향하게 된 것으로 알려져 있다.

자전과 공전

달은 자전주기와 공전주기가 같아서(약 27.3일) 지구에서는 달의 한 쪽 면만 볼 수 있고, 뒷면은 1959년 10월에 루나(Luna) 3호가 최초로 촬영하기 전까지 볼 수가 없었다.

자기권

달은 지구와 달리 전체적인 자기장이 관측이 되지 않는다. 이것은 달의 크기가 애초에 작아서 지구보다 빨리 식었기 때문이라고 알려진다. 달에서 가져온 암석을 분석하거나 인공위성으로 측정한 국지적인 자기를 고려한다면, 달에도 전체적인 자기장이 있었을 것이라 추측하고 있으나 현재는 관측되지 않고 있다.

41. 지구와 달이 만들어지는 과정

우리은하계에서 냉각 분리되어 태양계 블랙홀 엔진의 가동으로 오르트구름을 시작으로 카이퍼 벨트와 외곽으로부터 차례대로 여러 행성들과 화성으로 분리된 후 태양계 블랙홀 엔진은 다시 둘로 분리되어 자전을 하게 되어 원반 상태로 납작해지며 원시지구 중심에 블랙홀이 생기게 된다.

다른 행성들과 마찬가지로 지구 블랙홀을 통하여 순환하는 가스에 의하여 지구 블랙홀 엔진은 외곽부분이 냉각 수축되어 달의 고리가 만들어진다. 상대적으로 온도가 높아 분자 간 인력이 작게 작용하는 근일점 부분이 끊어짐과 동시에 상대적으로 온도가 낮은 원일점으로 모여 냉각 응축되어 지구의 위성 달이 만들어지게 된다.

지구 블랙홀 엔진 외곽에서 달이 분리된 후 자전을 하고 있는 지구도 냉각되어 원반중심부 물질이 임계점 이하로 낮아져 지구의 중심에 핵을 이루며 지구 블랙홀은 사라지고 응축력으로 지구 핵을 중심으로 모여 공 모양으로 굳어져 지구가 만들어졌다. 지구와 달은 동시에 만들어졌으나 보유한 열량차이로 지구가 자전을 하는 동안 지구의 위성인 달이 냉각되어 달이 지구보다 조금 먼저 만들어졌다고 할 수도 있다.

42. 지구와 달의 나이

지구에서 달이 분리되었으므로 지구와 달의 나이는 같다고 볼 수 있으나 달은 지구에서 분리된 후 블랙홀을 만들지 못하고 냉각되어 동주기자전을 하게 되었으며, 지구 중심의 블랙홀은 달이 분리된 후에도 계속 남아 있어 한동안 자전을 하였다.

행성이나 위성의 나이 측정하는 방법이 방사성동위원소 반감기를 이용하기 때문에 암석으로 굳어진 시점을 기준으로 삼는다면 달이 지구보다 먼저 탄생했으며, 달의 나이는 아폴로 11호가 달에서 채취한 암석의 나이와 같은 약 45억 살로 추정한다.

지구와 달은 동시에 분리되어 나이가 같다고 할 수 있으나 쌍둥이도 형 동생을 따져야 하니까 달이 지구보다 1년 정도 빨리 굳어졌다고 할 수 있다. 어! 그럼 달이 형이네?!

43. 지구의 바위, 돌, 자갈, 모래, 흙이 존재하는 이유

물이 온도, 압력에 따라 기체, 액체, 고체로 변하여 우리 주변에서 물이 증발하여 기상상태에 따라 비가 내리기도 하고 눈, 진눈깨비, 싸락눈이 내리는 것을 보고 이상하다고 말하는 사람들은 없을 것이다.

우주의 모든 물질도 온도에 따라 기체, 액체, 고체로 변하게 된다.

지구 블랙홀 엔진에서 지구와 달이 분리되고 자전을 하던 지구도 냉각되어 원반 중심이 임계점 이하가 되자 블랙홀이 사라지고 지구중심에 핵이 만들어져 구형을 갖추게 된다.

냉각되는 지구에는 기상조건에 따라 기체, 액체, 고체 상태로 존재하게 되어 끓고 있는 마그마가 증발하여 하늘에서 암석 물질로 이루어진 된 비가 내리고 증발하기를 수 없이 반복되며 지구가 냉각되고 지각이 형성되자 마그마가 끓고 있던 지표에서 증발하였던 기체 상태의 암석 물질들이 굳어서 바위와 돌, 모래, 흙 등의 형태로 변하여 쏟아져 지구의 토양을 이루게 된다.

커다란 바위가 깨져 물에 닳아서 만들어진 돌이나 자갈, 모래들과 하늘에서 쏟아진 것들과의 차이는 주의 깊게 살펴본다면 강도와 모양, 결정(結晶), 분포 등이 확실하게 다르다는 것을 알 수 있다.

위 그림은 전라북도 진안에 있는 마이산으로 바위, 돌, 자갈, 모래, 흙들이 섞여서 동시에 하늘에서 쏟아져 굳어서 만들어졌다고 추정되는 산이다.

44. 물의 기원이 지구와 혜성이 다른 이유

로제타(Rosetta) 우주탐사선이 지난 8월 67P 혜성에서 뿜어져 나오는 가스 속에서 물 분자를 포획하여 물 분자를 분석해 지구에 보내온 메시지는 "지구에 있는 물의 기원이 혜성은 아닌 것 같다." 중수소의 비율이 지구의 물보다 4배가량 높았다는 것이다.

빅뱅 때 생겨나 지금까지 남아 있는 것으로 여겨지는 중수소(2H)의 비율이 지구의 물에 비하여 혜성에 존재하는 물에 4배 많이 포함되어 있다고 알려졌다.

태양계의 행성들보다 낮은 온도에서 먼저 만들어진 혜성에 포함되어 있는 물에는 빅뱅 때 만들어진 중수소의 비율이 높다. 지구에 물이 존재하기 위해서는 다른 가스들과 함께 수증기가 지구 블랙홀을 통하여 빨려 들어가 고온, 고압의 기체 상태의 지구 블랙홀 엔진을 통과하는 과정에서 중수소가 분리되어 물을 구성하는 중수소의 비율이 혜성에 비하여 낮아지게 된 것이다.

지금까지 과학자들은 수십 억 년 전 원시 상태의 지구에 혜성(彗星)이 충돌하면서 혜성의 물이 지구로 옮겨진 것으로 추정해 왔으며, 혜성의 가스에 포함되어 있는 물의 성분을 분석하여 이를 증명하려 하였으나 지구의 물과 혜성과는 아무 연관이 없음을 증명하게 되었다. 오히려 우주탐사선 로제타(Rosetta)가 블랙홀 엔진이론에 의하여 지구에 물이 형성되었다는 이론에 힘을 실어 주게 되었다.

물의 기원, 혜성 아닐 수도… 과학계 대혼란 (조선일보 2014. 12. 11)
혜성 물 분자의 중수소 비율 지구 물보다 4배가량 높아
소행성과 혜성 충돌로 물이 지구 밖에서 왔다는 과학계 유력學說 오류 가능성
생명체는 물이 없으면 살 수 없다. 이 때문에 외계 생명체를 찾는 연구에서도 물이 있는 곳을 먼저 찾는다. 그렇다면 지구의 물은 어디에서 온 것일까. 지금까지 과학자들은 수십억 년 전 원시 상태의 지구에 혜성(彗星)이 충돌하면서 혜성의 물이 지구로 옮겨진 것으로 추정해 왔다. 하지만 로제타

(Rosetta) 우주탐사선이 우주 과학자들을 큰 혼란에 빠트렸다.

로제타는 유럽우주국(ESA)이 지구에 있는 물의 기원을 찾기 위해 10년 전 혜성 탐사용으로 발사한 무인 탐사선이다.

캐서린 알트웨그 스위스 베른대 물리학과 교수를 중심으로 한 유럽 공동 연구진은 10일(현지 시각) 과학 학술지 '사이언스'에 게재한 논문에서 "로제타의 분석 결과 혜성의 물은 지구와 크게 달랐다"고 밝혔다.

로제타는 지난 8월 접근 과정에서 혜성에서 뿜어져 나오는 가스 속에서 물 분자를 포획했다. 그 물 분자를 분석해 최근 보내온 메시지는 "지구에 있는 물의 기원이 혜성은 아닌 것 같다"는 것이었다.

로제타는 혜성으로부터 1,000km · 100km · 50km 거리에서 세 차례 물 분자를 포획해 '질량분석기'로 분석했다. 질량분석기는 물 분자를 쪼개 원자로 나누고, 전기장과 자기장을 가해 휘어지는 정도를 측정해 무게를 알아낸다. 물은 두 개의 수소 원자와 한 개의 산소 원자로 구성돼 있는데 수소 원자는 다시 일반적인 수소와 무거운 중(重)수소로 나뉜다. 두 종류의 수소 모두 물을 만들지만, 수소와 중수소의 비율은 지구와 혜성, 소행성 등에서 각기 다르다.

이덕환 서강대 화학과 교수는 "지구상에 존재하는 물의 중수소 비율이 일정한 만큼, 과학자들은 67P 혜성의 물이 지구와 비슷하다면 지구의 물이 혜성에서 왔다는 근거가 될 수 있다고 봤다"면서 "쉽게 말해 물의 족보(族譜)를 비교한 것"이라고 설명했다.

['로제타 탐사선'이 보내온 자료 유럽 연구팀 사이언스誌 게재]

그러나 로제타의 분석에 따르면 67P 혜성의 물에서 중수소의 비율은 지구의 물보다 4배가량 높았다. 기대와 달리 혜성의 물은 지구의 물과 족보가 달랐다. 태양계 내 혜성들은 수소와 중수소 비율이 비슷한 만큼 혜성이 지구 물의 기원이라는 학설 자체가 힘을 잃게 된 것이다. 물의 기원을 다시 찾아야 하는 과학계는 혼란에 빠졌다.

과거의 과학자들은 약 46억 년 전 뜨겁게 달아올랐던 원시 지구가 식는 과정에서 수증기가 발생, 비가 내리면서 물과 바다가 생겼다고 여겼다. 하지만 지난 수십 년간의 연구를 통해 당시 원시 지구의 온도에서는 어떤 종류의 물도 남아있을 수 없었다는 것이 밝혀졌다. 물이 지구 밖에서 왔다는 것이다. 이 때문에 최근에는 43억~44억 년 전 식기 시작한 원시 지구에 수많은 소행성과 혜성이 충돌하는 '대충돌기'에 물이 옮겨져 왔다는 학설이 유력하게 여겨졌다. 특히 2009년 미국항공우주국이 혜성에서 채취한 먼지에서 생명체 탄생의 근원이자 단백질의 주요 성분인 아미노산까지 발견하면서 혜성이 물과 생명 탄생의 근원이라는 과학계의 기대는 어느 때보다 높았다.

'로제타 탐사선'이 보내온 자료 유럽 연구팀 사이언스誌 게재

45. 지구의 많은 소금과 물, 풍성한 대기가 존재하는 이유

지구가 굳기 전 끓고 있던 마그마가 증발한 기체 상태의 암석 물질들이 굳어서 하늘에서 바위, 돌, 자갈, 모래, 흙이 쏟아진 후 소금비가 쏟아지고 증발하기를 반복한 후 하얀 소금이 내리게 된다. 다른 암석 물질에 비하여 소금(염화나트륨)은 녹는점 800℃, 끓는점1,400℃ 정도로 낮다.

㊀전하를 띤 기체 상태의 소금이 ㊉전하를 띤 지구로 모이는 과정에서 굳어서 결정(結晶)으로 된 것이 소금이며 당시 지구는 온도가 높아 물은 외곽에 존재하고 있었기 때문에 잠시 동안이지만 하얀 소금으로 뒤덮인 백색의 아름다운 지구였을 것이다.

하얀 소금으로 뒤 덮인 백색의 아름다운 지구의 대기가 물의 임계압력 225.65kg/㎠, 임계온도 374.15℃ 이하로 낮아지자 이때부터 하늘에서 비가 쏟아지기 시작하여 뜨거운 대지를 식히며 다시 증발하고 비가 내리기를 수백만 년간 계속되어 소금이 녹아 현재의 짠 바다가 만들어지게 되었으며 이어서 외부에 머물던 ⊖전하를 띤 질소와 기타 가스들이 지구에 모여 지구의 대기가 형성되었다.

지구는 화성에 비하여 질량이 크고 오랫동안 자전을 하게 되어 지구 블랙홀 엔진과 순환하는 가스, 수증기, 기체 상태의 소금 사이에서 정전기가 많이 발생  하게 되어 지구보다 질량이 작은 화성이나 블랙홀을 만들지 못하여 동주기자전을 하는 달에 비하여 많은 소금과 물 그리고 풍성한 대기를 보유하게 되었다.

46. 달의 밀도와 암석의 구성성분이 지구와 서로 다른 이유

지구 블랙홀 엔진 외곽에서 상대적으로 밀도가 낮은 부분이 분리되어 달이 만들어졌으며 지구는 중심부의 밀도가 높은 철, 니켈같이 무거운 성분 많이 함유하게 되어 상대적으로 밀도와 질량이 크기 때문으로 쉽게 말하면 달은 지구의 껍질 부분으로 이루어졌기 때문에 구성성분이 서로 다른 이유이다.

47. 달의 앞, 뒤가 다른 모습으로 지구에 한쪽 면만 보이며 공전하는 이유

태양계의 모든 위성들은 동일한 면이 항상 모 행성을 향하게 되어 있다. 위성이 모 행성을 한 번 공전할 때마다 한 번 자전한다. 이와 같이 자전주기가 공전주기와 같은 동주기 자전(synchronous rotation)을 하는 원리는 지구에서 달이 분리 즉시 임계점 이하로 되어 블랙홀을 만들지 못하여 중심핵이 만들어졌으며 액체 상태로 지구를 공전했기 때문에 나타나는 현상으로 중력에너지는 질량의 곱에 비례하기 때문에 밀도가 높고 무거운 물질들은 지구 쪽으로 모이게 되고 지구 반대쪽은 상대적으로 가벼운 물질들이 차지하게 되어 항상 중력이 강하게 작용하는 밀도가 높은 쪽이 지구를 향하고 있으며 인력과 전자기력으로 단단히 고정되어 항상 앞, 뒤가 서로 다른 모습으로 오뚜기처럼 지구에 한쪽 면만 보이며 공전하게 된 것이다.

48. 달의 뒷면에 크레이터가 많은 이유

지구에서 분리된 달은 에너지가 부족하여 곧바로 액체로 변하여 블랙홀은 만들지 못하고 동주기 자전을 하기 때문에 뜨거운 지구 쪽보다 달의 뒷면이 먼저 굳어지게 된다.

마그마 속에 포함된 가스가 뜨거운 지구 쪽보다 상대적으로 온도가 낮은 달의 뒤쪽으로 빠져 나가며 기포가 터지게 되어 달의 뒷면에 크레이터가 많이 생기게 되었다.

49. 달의 핵이 지구 쪽으로 치우친 이유와 달의 내부가 액체인 이유

지구에서 분리 당시 에너지가 충분하지 않아 임계점 이하로 낮아져, 블랙홀을 만들지 못하고 액체 상태로 지구를 공전하는 과정에서 지구와 달의 중력에 의하여 지구 쪽은 무거운

물질이 자리를 잡게 되고 가벼운 물질은 반대쪽에 자리를 잡게 되어 핵이 지구 쪽으로 치우치게 되었다.

지금도 달의 내부가 액체 상태인 것은 지구와 달의 인력에 의한 영향도 있겠지만 아직 냉각이 덜 되었기 때문이며 달의 내부가 고체가 되기 위해서는 내부에 가지고 있는 열을 외부에 빼앗겨야 고체로 될 수 있는데 외부로 열을 빼앗기고 지각이 일정 두께 이상으로 두꺼워지면 지각이 단열재 역할을 하기 때문에 내부에너지와 지각 그리고 외부 온도 사이에 열평형이 상태가 된다. 달의 외부는 태양으로부터 매일 일정량의 에너지를 공급받게 되어 더 이상 열 손실이 일어나지 않게 되어 달의 내부는 냉각이 되지 않고 액체 상태를 유지할 수 있는 것이다.

50. 달에 암석과 모래, 흙이 존재하는 이유

우리 주변에서 흔히 볼 수 있는 물은 온도가 뜨거워지면 증발하여 수증기가 되어 하늘로 올라가 비가 오기도 하고 온도에 따라 눈이

오기도 하고 때론 싸락눈이나 우박이 떨어지기도 하는데 누구 하나 이상하다고 생각하는 사람이 없다.

이와 마찬가지로 우주의 모든 물질도 온도에 따라 기체, 액체, 고체 형태를 달리하게 되는데 지구 블랙홀 엔진에서 분리된 달은 냉각, 액화되어 구형을 유지하며 굳어가는 과정에서 달의 지표가 끓고 있을 때 증발하여 상승한 기체 상태의 암석 물질들이 달의 하늘에서 굳어져 기상조건에 따라 바위, 돌, 모래, 흙 등이 쏟아져 달의 토양이 된 것이다.

51. 달에는 자기장이 없는 이유

행성이나 위성에 자기장이 생기기 위해서는 ⊕전하를 띤 중심의 핵과 서로 성질이 다른 ⊖전하를 띤 껍질과의 회전주기 차이로 인한 상대속도 차이가 발생하여야 한다. 달은 중심에 철성분의 핵은 갖고 있  으며 껍질과 중심핵 사이에 유동성 물질들도 있으나 블랙홀을 만들지 못하여 동주기자전을 하기 때문에 회전주기 차이에 의한 상대속도 차이가 생기지 않기 때문에 달에는 자기장이 없는 것이다.

52. 달은 지구와 다르게 풍성한 물과 대기가 없는 이유

행성이나 위성이 대기를 보유하기 위해서는 기체 상태에서 자전으로 인하여 생긴 원심력에 의하여 중심에 블랙홀이 만들어져 블랙홀 엔진이 가동하여 블랙홀 엔진을 순환하는 ⊖전하를 띤 가스와 수증기 등이 ⊕전하를 띤 행성이나 위성의 대기와 물이 된다.

달은 보유한 에너지가 부족하여 블랙홀을 만들지 못하고 동주기자전을 하기 때문에 풍성한 물과 대기는 존재할 수 없으나 지구 블랙홀 엔진에서 분리되기 전에 순환하는 가스와의 마찰에 의한 약한 ⊕전하를 보유하고 있어 그에 상당하는 ⊖전하를 띤 희박한 대기와 약간의 소금성분이 존재하며 물은 온도가 낮은 극지방에 고체 형태로 존재하며 달과 지구에 있는 소금과 물은 그 기원과 성분은 같다.

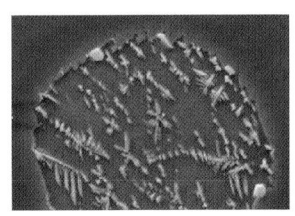

전자현미경으로 본 달의 옹해 함유물
(출처=카네기 연구소)

"달·지구의 물은 같은 기원 뒷받침하는 흔적 발견"(연합뉴스 2014. 04. 03)

英 연구진, 지구와 행성과학 저널에 발표

(서울=연합뉴스) 권수현 기자 = 오래된 달 암석에서 '달과 지구에 있는 물의 기원이 같다'는 가설을 뒷받침하는 흔적이 발견됐다고 2일(현지시간) 미국 과학매체 스페이스닷컴 등이 보도했다.

행성우주과학자 제시카 반스 박사가 이끄는 영국 오픈유니버시티 연구팀은 달에서 가져온 인회석 표본 3개를 분석한 결과 그 안에서 물의 수소 동위원소 조성을 발견했으며 그 구조가 지구의 것과 유사하다는 사실을 확인했다고 '지구와 행성과학 저널'(EPSL) 최신호에 발표했다.

연구팀은 1972년 달을 탐사한 아폴로17호가 채취한 암석 가운데 화성암의 부성분 가운데 하나인 인산염 광물 인회석 표본 3개를 가지고 '2차 이온 질량 분석기'(SIMS)를 이용해 동위원소를 분석했다.

SIMS는 미세한 이온 빔을 쏴 암석에 10분의 1㎜ 크기의 작은 구멍을 내는 과정에서 튀어나오는 '2차 이온'을 분석하는 방법이다. 연구진은 이를 토대로 인회석 안에서 물의 수소 동위원소 조성을 발견했다.

연구진은 또 이 인회석 안에 태양계 내 물체에서 발견되는 특정한 유형의 수소가 얼마나 들었는지를 분석한 결과, 지구에 떨어진 일부 운석과 비슷한 수준이었으며 지구 내부 맨틀과도 놀라울 정도로 유사하다는 점을 알아냈다.

이는 지구-달 체계 안 물의 기원을 설명하는 두 가지 가설과 연결된다고 스페이스닷컴은 전했다. 하나는 원시 지구 안에 있던 물이 달을 만들어낸 원인으로 여겨지는 45억 년 전의 대충돌을 거치며 달에도 남았다는 가설이고, 다른 한 가지는 지구가 달을 위성으로 갖게 된 뒤 공통된 외부의 기원에서 물을 얻었다는 내용이다.

이번 연구의 공동저자인 오픈유니버시티의 마헤지 아난드 박사는 "그동안 달 암석 연구는 비교적 '어린' 표본을 가지고 진행됐지만 이번 연구에 쓰인 인회석은 달 암석 표본 중 가장 오래된 것 가운데 하나여서 더 가치가 있다"고 설명했다.

래리 타일러 미국 테네시대학 행성지구과학연구소장은 그러나 "뛰어난 연구결과지만 이 자료만으로 결론을 내릴 수는 없으며 추가 연구와 자료가 더 필요하다"고 말했다.

금성

금성은 우리가 흔히 '샛별'이라고 부르는 행성으로 해 뜨기 전 동쪽 하늘이나 해진 후 서쪽 하늘에서 보인다. 금성은 그냥 보면 하나의 점처럼 보이지만, 망원경으로 보면 달처럼 그 모습이 변하는 위상을 가지고 있다.

금성 대기의 주성분은 이산화탄소이다. 대기의 96.5%를 이산화탄소가 이루며, 나머지 부분 3.5%는 대부분 질소 분자가 차지한다. 그 외의 성분으로는 아르곤, 이산화황, 일산화탄소 물 등이 있다. 그리고 금성은 90기압의 고밀도 대기를 가진다. 이는 지구에서 해수면 밑으로 800m 깊이의 압력과 같다.

이러한 금성 대기의 기원은 아직 완전하게 알려지지 않았으며 현재도 많은 연구가 이루어지고 있는 분야이다. 현재 금성 대기의 주성분은 이산화탄소이며, 극소량의 물이 있다는 것은 온실효과의 폭주로 인해 형성됐다고 알려져 있다. 태양의 온도가 초기보다 증가함에 따라 금성의 지표 온도가 상승한다. 이후 물이 증발하여 대기 중에 수증기 함량이 많아지고 이 수증기는 태양의 자외선에 분해가 된다. 분해된 수소는 가벼워서 대부분 금성을 탈출하고, 이산화탄소는 남아서 금성 대기의 주성분이 되었다.

온도

금성은 평균 약 740K에 달하는 높은 온도를 가진다. 이는 지상에서의 관측과 탐사선에 의해 발견된 대기분석으로 설명이 가능하다. 분석결과 금성 대기의 주성분은 이산화탄소이며, 농도 또한 매우 짙었다. 이는 흔히 알고 있는 온실효과의 결과물이며, 과거에 금성이 온실효과의 폭주 현상으로 인해 온도가 급상승 했었다는 것을 알려준다.

지형

금성의 지표를 연구하는 일은 쉽지 않았다. 짙은 대기에 가려서 금성 표면이 보이지 않았고, 탐사선을 이용하면 금성의 고온과 고밀도의 대기 탓에 기

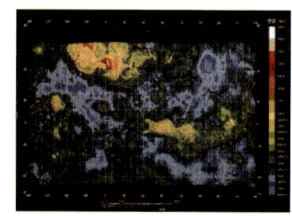

능이 정지되어 오랜 시간 연구를 할 수 없기 때문이다. 하지만 방법이 없진 않았다. 기술의 발전으로 탐사선이 금성에서 좀 더 버틸 수 있었고, 전파를 통해 금성의 두꺼운 대기를 뚫고 지표를 관측할 수 있었다.

금성이 화성이나 달의 미행성 충돌 빈도와 비슷하다는 가정하에 구덩이 숫자를 비교해보면 그 수가 적다는 것을 알 수 있다. 이는 금성의 지표가 재형성되었음을 알려주는 것이다. 계산에 따르면 약 5억 년 전에 대규모의 용암이 흘렀고, 이 용암은 많은 수의 구덩이를 메웠을 것이다.

금성의 전체적인 지형을 보면 남쪽 부분과 북쪽의 부분은 상당한 차이가 있다. 북쪽의 지역은 구덩이가 거의 없는 고원지대로 산들이 많고, 남쪽 지역은 상대적으로 평평한 구덩이들이 많다.

내부 구조

금성의 내부 구조는 아직 잘 알려지지 않았다. 현재 알려진 바는 크기가 6,052km(지구의 0.95배), 질량은 4.82×10^{24}kg(지구의 0.82배),

밀도는 5,240kg/m³(지구의 0.95배)이다. 이는 지구와 매우 비슷하고, 이를 바탕으로 금성의 내부구조는 지구와 비슷하다고 가정한다. 즉 금성은 암석의 지각(금성 착륙선이 확인함), 맨틀, 금속 핵(부분적 용융상태)으로 이루어졌다고 추측할 수 있다.

자전

금성은 대부분의 행성들과는 다르게 반대로 자전을 한다. 즉 지구의 북극에서 바라볼 때 시계방향으로 자전을 하는 것이다. 금성의 자전축은 적도면에 대략 3° 기울어진 177°이다. 3°가 아닌 177°를 사용하는 것은 금성의 역회전을 포함하는 수치이다. 금성 이외의 대부분의 행성에서는 태양이 동에서 떠서 서로 지지만, 금성에서는 서에서 떠서 동으로 진다. 금성의 자전이 왜 역방향인지는 알 수 없으나, 태양과 다른 행성들의 중력섭동이 큰 영향을 줬다고 생각되고 있다.

 태양과 행성들로부터 섭동을 받은 금성은 자전축이 크게 변하게 된다. 그리고 두꺼운 대기 또한 조석력에 의해 금성의 자전에 영향을 미치게 되고, 이를 시뮬레이션에 대입하면 현재와 같이 금성의 자전 속도는 느려지고 역회전을 하게 된다. 이런 최종적인 결과의 과정은 두 가지로 추측된다. 한 가지는 자전축이 180°로 뒤집혀 역회전을 하는 것이고, 다른 하나는 기울기의 변화 없이 자전 속도가 느려지고 결국 조석에 의하여 느린 역회전을 하게 된 것이다.

궤도

금성의 궤도는 다른 행성들의 궤도에 비하여 가장 원에 가깝다. 그리고 공전 주기는 지구보다 140여 일이 적은 약 225일이며, 레이더 관측에 의해 알아낸 금성의 자전주기는 약 243일이다. 공전주기와 자전주기가 비슷하여, 금성에서의 하루는 지구의 시간으로 117일이 된다.

자기권

금성에는 자기장이 측정되지 않는다. 금성의 핵은 금속성이면서 부분적으로 용융상태이다. 따라서 지구처럼 자기장을 가지고 있다고 추측하였으나 실제로 자기장은 측정할 수 없을 정도로 작거나 존재하지 않았다. 이는 금성의 느린 역행 자전 속도에 의한 것으로 알려져 있다. 천천히 역회전하는 금성의 자전은 순방향에서 역방향으로의 전환으로 설명할 수 있다. 이에 자기장 또한 현재 역전되고 있어서, 거의 존재하지 않는다고 추측된다.

53. 금성이 만들어지는 과정

우리은하계 외곽에서 냉각 분리되어 태양계 블랙홀 엔진의 가동으

로 오르트구름, 카이퍼 벨트, 명왕성, 해
왕성, 천왕성, 토성이 분리되고 목성계가
분리되는 과정에서 소행성대가 동시에 만
들어진다. 암석물질로 이루어진 행성인

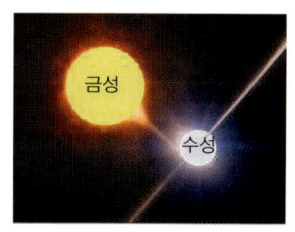

화성, 지구와 달이 분리된 후 왜소해진 태양계 블랙홀 엔진은 냉각되
어 수성과 금성으로 분리되며 태양계 블랙홀은 사라진다.

금성과 수성으로 분리되며 사라진 태양계 블랙홀을 중심으로 자전
과 공전을 하는 모습이 태양계 블랙홀중심에는 무언가 있을 것 같지
만 아무것도 없는 빈 공간으로 나중에 수소들이 모여 태양이 만들어
지는 공간이 된다.

위의 그림은 금성과 수성이 분리되는 모습을 상상한 모습이며 수
성의 껍질 부분이 상대적으로 온도가 낮은 금성으로 이동하여 냉각
되어 금성은 규모가 커지며 점점 어두워지며 식어간다. 수성은 온도
가 낮은 껍질 부분을 금성에 빼앗기며 점점 밝아지게 된다. 이러한
순간적인 과정을 보게 된다면 마치 수성이 금성을 잡아먹고 에너지
를 얻어 밝게 빛나는 것이라고 생각할 수도 있다.

54. 금성이 고밀도의 대기를 갖는 이유

태양계 블랙홀 엔진이 수성과 금성이 분리되어 사라진 후 수성의
껍질 부분이 상대적으로 온도가 낮은 금성으로 이동하여 냉각되어
금성은 규모가 커지게 된다. 순환하는 가스와의 마찰에 의하여 발

생한 ⊖전하를 띈 순환가스가 ⊕전하를 띈 금성과 수성의 대기가 된다. 금성에 빼앗긴 수성의 껍질 부분에 상당하는 양의 대기가 금성의 대기가 되기 때문에 금성은 고밀도의 대기를 갖게 되었으며 이와 반대로 수성의 대기 개수밀도는 $10^{11}m^{-3}$ 이하로 매우 희박하며, 수소, 헬륨, 나트륨, 칼륨, 칼슘 등의 원자가 포함되어 있다.

55. 금성이 다른 행성들과 다르게 반대로 자전을 하는 이유

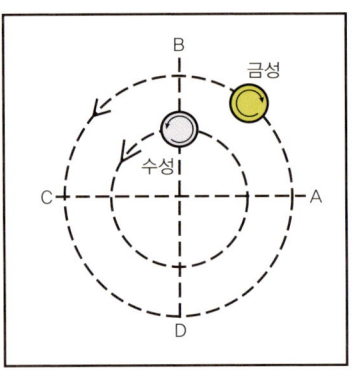

태양계 블랙홀이 사라지며 둘로 분리된 수성과 금성은 처음에는 서로 같은 속도로 공전하지만 서로 공전 주기가 다르기 때문에 서로 같은 속도로 공전을 하여도 바깥쪽의 금성이 한 바퀴 공전을 할 때 안쪽의 수성은 여러 바퀴 공전을 하게 되어 바깥쪽의 금성에 비하여 공전주기가 빨라 상대적인 공전 속도가 빠르게 된다.

금성은 수성을 고 열원으로 삼아 자전을 하게 되는데 수성이 금성보다 항상 앞서가기 때문에 기체 상태의 금성은 시계방향으로 냉열 구역이 만들어져 위의 그림처럼 북극에서 바라보았을 때 다른 행성들과 반대로 시계방향으로 자전을 하게 된다.

56. 금성의 북쪽에 고원지대로 구성된 이유

금성의 전체적인 지형을 보면 남쪽 부분과 북쪽의 부분은 상당한 차이가 있다. 북쪽의 지역은 구덩이가 거의 없는 고원지대로 산들이 많고, 남쪽 지역은 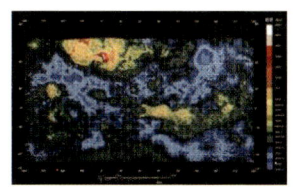 상대적으로 평평한 구덩이들이 많다. 금성의 북쪽의 고원지대는 수성에서 넘어온 물질들이 상대적으로 온도가 낮은 북쪽에 고원지대를 만들었을 것으로 추정된다.

57. 금성의 자기장이 미약한 이유

항성이나 행성의 자기장이 만들어지는 원리는 중심핵과 껍질 사이가 녹아 액체 상태에서 행성이 자전을 하게 되면 중심핵과 껍질이 같은 속도로 자전을 하여도 껍질이 한 바퀴 자전을 할 때 중심핵은 여러 바퀴 자전을 하게 되어 자전주기 차이로 인하여 철 성분을 함유한 중심핵이 발전기의 회전자 역할을 하여 자기장이 만들어지게 되는 것이다.

수성으로부터 껍질 부분을 가져온 금성은 수성보다 중심핵과의 밀도 차이는 많이 나지만 아주 늦은 속도로(1.8m/sec) 역회전하고 있어 중심핵과의 자전주기 차이가 거의 발생하지 않아 정밀하게 관측하지 않으면 감지되지 않을 정도로 약한 자기장을 보유하게 된 것이다.

수성

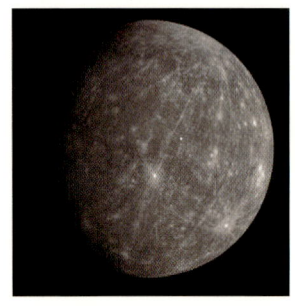

태양에서 가장 가까이 있는 행성인 수성은 언제나 태양 옆에 붙어 다니기 때문에 관측하기가 쉽지 않다. 수성을 볼 수 있는 때는 해가 진 직후 서쪽 하늘과, 해가 뜨기 직전 동쪽 하늘에서만 볼 수가 있다. 그리고 망원경으로 수성을 보면 달과 같이 그 위상이 변하는 것을 알 수 있다. 그리고 표면의 모습도 달과 매우 비슷하다. 그렇다면 수성은 어떻게 만들어졌을까? 수성의 기원에 대해서 생각해 볼 때에는 크기가 비슷한 달에 비해 상당히 높은 밀도를 가졌다는 점에 주목할 필요가 있다. 이는 중심부에 밀도가 높은 핵이 존재함을 보여준다. 1987년에 시행된 컴퓨터 시뮬레이션에 의하면 수성은 형성 초기에 커다란 미행성과 충돌했던 것으로 추정하고 있다. 이 설에 의하면 충돌로 외부의 가벼운 물질들은 대부분 우주 공간으로 날아가고 중심부에 있던 철과 니켈이 남게 되었다는 것이다. 이 결과 수성의 평균밀도는 크게 증가하여 지금의 수성이 되었다는 것이다.

대기

수성에는 대기가 거의 존재하지 않고 매우 가벼운 가스층이 있다. 대기의 개수밀도는 $10^{11} m^{-3}$ 이하로 매우 희박하며, 수소, 헬륨, 나트

륨, 칼륨, 칼슘 등의 원자가 포함되어 있다. 수성의 형성 초기에는 다른 행성과 마찬가지로 대기가 존재했을 것이라 생각되지만 중력이 작기 때문에 그 대부분이 우주로 날아갔을 것이다.

현재 수성의 대기는 다양한 방법에 의해 공급되고 있다. 태양풍에 포함된 수소와 헬륨은 수성의 자기장에 붙잡혔고, 미세운석의 충돌로 산소, 나트륨, 칼륨 등의 원자가 대지에서 증발되어 나왔다.

온도

수성 표면의 평균온도는 약 452K(179℃)이지만, 온도 변화는 약 90K(-183℃)~700K(427℃)로 매우 심하다.

한편 놀랍게도 1992년 레이더 관측에 의해 수성의 북극 부분에 물과 얼음이 발견되었다. 이 얼음은 혜성의 충돌이나 수성 내부에서 방출되어 생긴 물이 1년 동안 태양광이 닿지 않는 극지방의 크레이터 바닥에 남겨져 있던 것이라 추측된다.

지형

수성의 지형은 달의 지형과 비슷하다. 하지만 관측된 결과 수성에는 달보다 구덩이가 적었다. 달과 수성이 비슷한 시기에 형성되었고, 충돌한 운석의 비율이 비슷하다고 가정하면, 수성의 표면은 재

형성 되었다는 것으로 해석된다. 이는 수성이 달보다 크고 태양에 더 가까우므로 형성 후 서서히 냉각되었다는 것과 일치한다. 서서히 냉각하면서 용암이 표면으로 올라와 오래된 구덩이 지역을 덮었다는 것이다.

또한 수성은 태양의 조석력에 의해 적도 부분이 불룩하다는 특징도 있다.

내부 구조

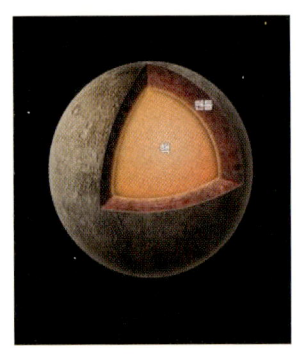

수성에는 철과 같은 무거운 원소로 구성된 반경, 1,800km 정도의 핵이 있다. 이것은 행성 반경의 약 3/4에 해당하고 수성 전체로는 질량의 약 70%가 금속, 약 30%가 이산화규소로 되어있다. 평균 밀도는 5,430 kg/㎥ 정도로 지구와 비교하면 조금 작다.

수성의 부피는 지구의 5.5%이다. 수성의 철 성분 핵은 전체에서 42%를 차지한다. 그리고 핵의 주변엔 두께 600km의 맨틀로 덮여있지만 이것은 다른 지구형 행성과 비교하면 매우 얇다.

자전

1965년에 레이더 관측이 이루어지기 이전에는 수성의 자전이 지구의 달과 마찬가지로 한번 공전에 한번 자전할 것이라 생각했었다. 하지만 실제로 수성의 자전과 공전은 3:2의 비율이다. 즉 태양의 주위를 2번 공전할 동안 3번 자전한다. 수성의 자전과 공전이 같을 것이라 생각했던 이유는 지구에서 본 수성이 가장 관측하기 좋은 위치에 있을 때 언제나 같은 면을 보였기 때문이다. 실제로 이것은 자전과 공전을 3:2 비율로 운동하는 수성을 같은 위치에 있을 때 관측했기 때문이었다. 이 3:2 비율로 인해 수성의 항성일(자전주기)은 약 58.64일인데 비해 수성의 태양일(수성 표면에서 본 태양의 자오선 통과 간격)은 약 176일로 대략 3배이다.

수성의 자전축의 기울기는 행성 중에서 가장 작은 약 $0.01°$이다. 이것은 두 번째로 경사가 작은 목성의 값(약 $3.1°$)에 비교해도 300배나 작은 값이다. 때문에 수성의 궤도상에서 관측자가 보면 태양은 대부분 천정을 통과하고 남북으로는 $1/100°$ 정도밖에 움직이지 않게 된다.

궤도

수성의 궤도이심률은 태양계 행성 중에서 가장 크며 근일점과 원일점이 약 0.31AU, 약 0.47AU이라는 큰 타원궤도를 그리고 있다. 이 궤도의 근일점은 천천히 이동(근일점 자체가 태양의 주변을 돈다)하

고 있어 그 이동의 정도는 100년에
574초이다. 이 중 531초는 금성 등
다른 행성의 중력효과로 설명이
가능하지만 남은 43초에 대해서는
뉴턴의 고전역학으로는 설명할 수
없었다. 이 뉴턴역학으로는 설명
할 수 없었던 43초는, 후에 아인슈타인의 일반상대성이론에 의해 설
명이 가능해 졌다.

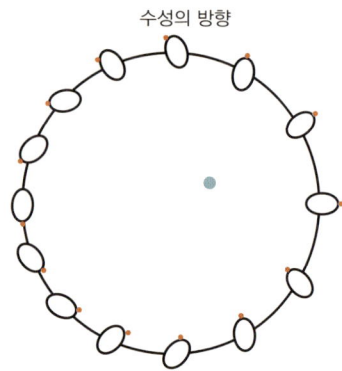
수성의 방향

$$1초 = 1/3600도$$

자기권

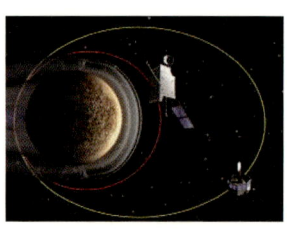

수성은 아주 약한 자기장을 가진다.
마리너 10호 위성의 관측 결과에 따르면
최대 자기장 세기는 고도 330km에서
약 4×10^{-7} T이다. 이는 지구의 표면에
비해 약 100배 이상 약한 것이다.

항성이나 행성의 자기장에 대한 일반적인 이론은 다이나모 이론이
다. 다이나모 이론을 행성에 대입해보면 자신의 자전과 내부의 액체
금속 핵 때문에 일어난다고 본다. 그러나 수성의 경우 자전 속도가
매우 느려 다이나모이론과 맞지 않는다. 그래서 몇몇 학자들은 수성

이 과거 자전 속도가 빠르고 온도가 높았을 때 형성되었던 자기장이 '얼어붙어' 남아 있는 것이라 말하고 있다.

58. 수성이 만들어지는 과정

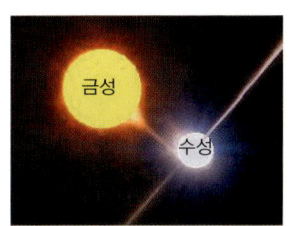

우리은하계 외곽에서 냉각 분리되어 태양계 블랙홀 엔진의 가동으로 오르트 구름, 카이퍼 벨트, 명왕성, 해왕성, 천왕성, 토성이 분리되고 목성계가 분리되는 과정에서 소행성대가 동시에 만들어진다. 암석형 행성인 화성, 지구와 달이 분리된 후 왜소해진 태양계 블랙홀 엔진은 냉각되어 금성과 수성으로 분리되고 태양계 블랙홀은 사라진다.

동시에 분리된 기체 상태의 수성과 금성은 사라진 태양계 블랙홀을 중심으로 자전과 공전을 하며 서로 인접하여 완전히 분리되지는 않고 수성의 껍질 부분을 상대적으로 온도가 낮은 금성에 빼앗기며 금성은 규모가 커지며 점점 어두워지고 수성은 점점 밝아지게 되는 모습이 수성이 마치 금성을 잡아먹는 듯한 모습으로 보인다.

위의 그림은 금성과 수성이 서로 분리되면서 온도가 높은 수성의 껍질 부분이 상대적으로 온도가 낮은 금성에서 응축되어 빼앗기는 장면으로 사라진 태양계 블랙홀중심에는 무언가 있을 것 같지만 아무것도 없는 빈 공간으로 나중에 수소들이 모여 태양이 만들어지는 공간이 된다.

59. 수성이 약한 자기장을 보유하는 이유

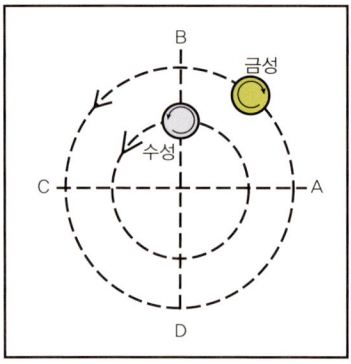

중심핵과 껍질의 밀도 차이가 크고, 자전 속도가 빠를수록 자기장의 크기가 커지게 되는데 수성은 껍질 부분을 금성에 빼앗겨 중심핵과 껍질 부위와의 밀도 차이가 크지 않고 금성과의 간섭으로 자전 속도 또한 줄어들게 되어 같은 크기의 다른 행성에 비하여 약한 자기장을 보유하게 되었다.

60. 수성의 공전주기와 자전주기가 비슷한 이유

수성 공전주기(87.97일)와 자전주기(58.6462일)가 비슷한 2:3의 비율이다. 즉 태양의 주위를 2번 공전할 동안 3번 자전한다. 태양계 블랙홀이 사라지며 둘로 분리된 수성과 금성은 처음에는 서로 같은 속도로 공전하지만 안쪽의 수성과 바깥쪽의 금성의 공전 주기가 서로 다르기 때문에 서로에게 간섭이 생겨 금성이 다른 행성들과 다르게 반대로 자전을 하게 되는 만큼의 반작용으로 수성도 자전 속도가 줄어들게 되어 수성의 공전주기와 자전주기가 비슷하게 된 이유이다.

61. 달과 비슷한 수성에 크레이터가 적은 이유

행성의 크레이터는 지표가 굳을 때 마그마 속에 포함되어 있는 기포가 터져서 생기는 것이 대부분이다. 지구의 껍질 부분으로 만들어진 지구의 위성인 달에 비하여 금성에 껍질 부분을 빼앗긴 수성의 밀도가 크기 때문에 달에 비하여 내부에 가스가 적게 포함되어 비슷한 크기의 달에 비하여 크레이터가 적은 이유이다.

62. 수성에 저밀도의 대기와 얼음이 존재하는 이유

태양계 블랙홀이 사라지며 수성과 금성이 분리되는 과정에서 수성의 껍질 부분이 상대적으로 온도가 낮은 금성에 넘어가게 된다. 수성은 금성에 빼앗긴 ⊕전하에 상당하는 만큼 대기를 적게 보유하게 되어 수성의 대기의 개수밀도는 $10^{11} m^{-3}$ 이하로 매우 희박하며, 수소, 헬륨, 나트륨, 칼륨, 칼슘 등의 원자가 포함되어 있다.

대기에 포함되어 있던 수증기는 차가운 극지방의 크레이터에 모여 얼음 형태로 존재하는 것이 2011년 수성 궤도에 들어가 본격적인 탐사에 나선 메신저호에 의하여 밝혀졌으며 미 항공우주국 나사(NASA)와 존스홉킨스대학 연구팀은 "수성의 북극에서 물로 생성된 '얼음'을 사실상 처음 촬영하는 데 성공했다"고 말했다.

태양

태양은 뜨겁고 거대한 가스 덩어리로서 중심부의 온도는 약 1천 5백만K로 높지만 표면 온도는 약 6,000K이다. 그리고 약 139만km의 지름을 가진 태양은 지구지름의 약 109배이고 부피는 지구부피의 130만 배나 되며 밀도를 살펴보자면 태양의 밀도는 1.41g/cm³이다.

이는 태양이 가벼운 물질로 구성되어 있음을 의미한다. 또한 태양의 적도 자전 주기는 약 27일이고 북위 30도는 약 28일로 위도가 높을수록 자전 속도가 느려지는 자전 주기를 가지고 있다.

태양은 주성분인 수소원자가 융합하여 헬륨을 만들 때 엄청난 빛과 에너지를 쏟아내는데 이는 약 1억 5,000만 km 거리에 있는 지구에조차 1m²당 1.4kw의 에너지를 공급하고 있을 정도로 엄청난 양이

며 이 에너지는 수성, 금성, 지구, 화성, 목성, 천왕성, 해왕성, 명왕성 등 태양계 내의 모든 행성들에 골고루 공급되고 있다. 태양의 중심부는 섭씨 1,500만°C이며 기압은 수천억 기압으로 추정되고 있다.

태양흑점 주기의 기원을 알아내는 것은 앞으로의 우주 생활에 중요한 역할을 할 것이다. 태양 표면에서 보이는 흑점들의 수는 약 11년 동안 거의 0에서 100개가 넘게 증가하며 다시 다음 주기가 시작되면서 거의 0에 가깝게 감소하는데, 태양흑점 주기의 근원 또한 태

양 천문학의 커다란 신비의 하나로 여겨진다. 이 신비를 푼다면 우주 날씨에 대해 더욱 정확한 예보를 할 수 있을 것이다.

흑점이 생성되는 원인으로는 태양자기장에 의해 발생한다고 추정되고 있다. 태양이 회전함에 따라 태양 내부에는 수십억 암페어의 전류가 발생한다. 이것에 의해 1가우스 정도의 강력한 자력선이 남북방향으로 발생한다. 태양의 회전은 고위도 지대보다 저위도 지대 쪽이 빠르고, 적도부가 빠르기 때문에 남북방향의 자력선도 동서적도부로 휘감기듯 어긋난다. 위도에 따라 다른 회전으로 생기는 차이는 반년 후에는 적도부에서 일주하고, 3년 후에는 자력선도 6바퀴 정도 휘감기게 된다. 이렇게 몇 년 동안 동서 적도부를 중심으로 늘어지고 좁은 범위에서 평행하게 밀도를 늘린 자력선은 서로 반발하여 부분적으로 광구 면에서 떠올라 코리올리 힘을 받아 비틀어진다. 흑점의 자장은 수천 가우스나 되며 태양계의 모든 행성들의 자기장에 영향을 미치고 있다.

* 절대온도와 섭씨온도와의 관계: $1K = -273.15\ ℃$

수소의 물리적 성질

태양이 만들어지는 과정을 알기 위해서는 태양의 주성분인 수소의 성질에 대하여 자세히 알아야 하며 온도와 환경에 따라 어떻게 변화하는지 알 필요가 있다.

수소는 우주에 가장 흔한 물질이지만 색깔이 없고 냄새가 없어 고

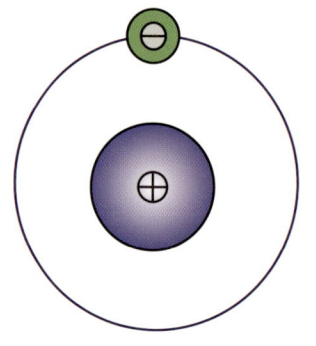

성능 망원경으로 관찰을 하여도 관측되지 않는다.

모든 가스 중에서 가장 가볍고 분자의 운동속도는 1.84km/sec (0℃)로 확산 속도가 빠르기 때문에 뜨거운 곳에서는 멀리 달아나고 차가운 곳에 모이는 특성을 갖고 있다.

열전달 율, 열전도율, 비열이 대단히 크기 때문에 많은 열을 운반할 수 있어 냉각성능이 뛰어나 고속회전 발전기의 회전자와 고정자 코일의 냉각장치 등에 사용되기도 한다.

비등점이 매우 낮아 −252.87℃ 이상의 온도에서는 기체로 존재하고 비등점과 −259.14℃ 사이에서는 액체로 존재하며 융점인 −259.14℃ 이하에서만 고체로 존재할 수 있다.

가스에 아무리 높은 압력을 가하여도 임계온도 이상에서는 액화되지 않으며 수소는 영구기체인 것 같지만 수소의 임계온도는 −239.9℃이며 임계온도 이하의 온도에서 임계압력 12.8atm 이상으로 압축하면 액체로 변하게 된다.

수소의 비중(공기=1)은 0.0695 로 우주의 구성 물질 중에서 가장 가벼워 다른 기체와 함께 존재하면 항상 수소는 맨 외곽에 자리하게 된다.

63. 원시 태양의 탄생

우리은하에서 분리된 원시 태양계는 자전으로 인하여 찌그러진 공 모양을 하고 태양계 외곽을 감싸고 있는 수소의 맨 바깥쪽은 작은 얼음 알갱이 형태로 굳어 수박 껍질처럼 태양계를 감싸고 있으며 나머지 수소는 태양계 블랙홀을 통하여 순환하며 오르트구름, 카이퍼 벨트, 명왕성, 해왕성, 천왕성, 토성, 목성, 소행성대, 화성, 지구, 금성, 수성과 위성들이 냉각되어 기체에서 액체, 고체로 상변화 하는 과정에서 발생한 모든 열을 흡수하여 태양계 중심으로 모이기 시작한다.

태양계 블랙홀 엔진 외곽으로부터 행성들이 차례대로 분리되었지만 행성들이 완성될 때는 거의 동시에 완성되며 행성들이 에너지를 수소에게 빼앗기고 냉각되어 시야에서 사라지게 되자 중심으로 모여들던 수소들이, 사라진 태양계 블랙홀에 모두 모여 원시 태양이 탄생하게 된다.

64. 수소 핵융합을 시작으로 거대한 태양의 탄생

태양계중심에 만들어진 ⊕전하를 띤 강력한 원시 태양과 행성들 간에 음양이 바뀌는 강한 전자기적 충격으로 인한 반발력으로 행성들이 일정한 거리만큼 물러난 만큼의 반작용으로 ⊕전하를 띈 원시 태양 중심은 강한 전자기적인 충격을 받게 된다. ⊕전하를 띈 고온 고압의 원시 태양 중심핵은 전자기적 충격으로 점화되어 수소 핵융합이 시작되어 태양계 행성들을 모두 합한 질량의 약 750배에 달하는 거대한 규모의 ⊖전하 띈 수소가 태양계 중심에 모이게 되자 음양이 뒤바뀌어 ⊕전하를 띈 거대한 태양이 탄생하였다.

65. 태양계 행성들의 공전 속도 변화

태양계 블랙홀 엔진의 자전 속도가 행성이 분리될 당시 행성의 공전 속도이기 때문에 자전하는 태양계 블랙홀 엔진 외곽으로부터 분리된 순서대로 태양계 행성들의 공전 속도는 점점 느려지게 된다. 맨 처음 분리된 명왕성의 공전 속도가 가장 빠르고 태양계 블랙홀 엔진의 규모와 함께 차례대로 줄어들어 수성의 공전 속도가 가장 느리게 된다.

거대한 태양이 탄생하자 태양과 행성 간에 작용하는 중력이나 전자기적 반발력은 태양과 행성 질량의 곱에 비례하고 태양과 행성간의 거리의 제곱에 반비례하기 때문에 태양계의 행성이 태양에 가까울수록 행성들의 공전 속도가 더 빠르게 변하였다.

행 성	수성	금성	지구	화성	목성	토성	명왕성	해왕성	명왕성
평균 공전 속도(km/s)	47.87	35.02	29.79	24.13	13.07	9.67	6.84	5.48	4.75

66. 태양의 흑점과 행성의 자기장

태양의 자기장이 태양계 행성들에 영향을 미치는 것과 마찬가지로 행성들의 자기장 또한 태양의 자기장에 영향을 미치게 된다. 태양의 흑점은 자기장의 교란으로 인하여 발생하는 현상으로 행성들의 자기장의 영향으로 태양 면 위에 나타나는 흑점 수는 11년을 주기로 증감하고 있다. 흑점 자장의 변화를 고려하여 22년 주기라 생각하는 편이 좋으나, 주기는 매년 조금씩 달라지고 있다. 또한 항상 흑점이 일정한 비율로 증감하고 있는 것은 아니며, 17세기에는 50년 가까이 흑점이 나타나지 않는 기간도 있었다.

목성의 자기장의 크기는 지상에서의 전파관측과 탐사선들의 관측 결과 지름이 약 3×10^{10}m로 목성의 지름보다 약 210배 더 크고 태양보다 약 22배 더 크다.

태양과 태양계 행성들 사이에서 자기장의 영향은 거리에 따라 변하게 되는데, 특히 태양계에서 가장 큰 자기장을 보유하고 있는 목성이 태양에 가까워지면 태양의 자기장에 교란을 일으켜 흑점이 증가하게 되고 목성이 태양에서 멀어지게 되면 흑점이 감소하게 된다.

태양의 흑점은 목성의 공전주기와 같은 11.86년을 주기로 크게 변하게 되지만 지구에서 관측되는 흑점의 주기는 태양과 목성 사이의 지구 위치에 따라 다르게 관측되며 다른 행성들의 영향을 받게 되어 최근에는 약 11년을 주기로 태양의 흑점이 변하는 것으로 지구에서 관측된다.

67. 태양의 나이는 약 5억 8천만 살이다

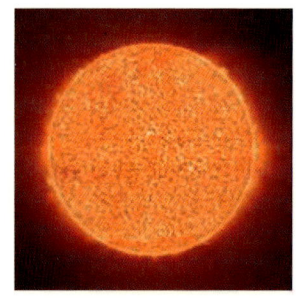

태양계에서 가장 먼저 태양이 만들어진 후 안쪽에서부터 행성들이 만들어졌다고 가정을 하고 아폴로 11호가 달에서 가져온 월석의 방사성 연대측정 결과 달의 나이가 약 45억년 정도 되었고, 달보다 먼저 만들어진 지구는 약 46억년, 태양계에서 가장 먼저 만들어진 태양의 나이는 47~50억 년쯤 됐다고 알려져 있지만 태양의 성분을 분석하여 태양의 나이를 직접 측정한 것은 아니다.

지금까지 많은 학자들이 주장하는 이론과는 다르게 블랙홀 엔진 이론으로 설명한 것처럼 태양계의 외곽으로부터 순서대로 행성들이 만들어지고 마지막에 태양이 만들어진 것이라면 태양계에서 태양보다 먼저 만들어진 행성에 태양이 만들어진 증거가 틀림없이 남아 있을 것이다.

태양이 탄생하기 전 얼어붙은 지구에 시간당 $1.4 kW/m^2$의 많은 에너지를 공급하는 태양이 어느 날 갑자기 탄생하였다면 지구에는 반드시 증거가 남아 있을 것이며 증거를 찾는다면 태양의 나이를 정확하게 알 수 있을 것이며 태양계의 생성 과정을 규명할 수 있을 것이다.

지금으로부터 7억 5천만 년 전부터 5억 8천만 년 전 시기에 전 지구가 얼음에 덮이는 혹독한 빙하기가 찾아왔었다는 가설이 60년대부터 제기되었으며 지금으로부터 약 5억 4천300만 년 전에서부터 약 5억 3천 800만 년 전까지 500만 년 동안 갑자기 많은 생물들의 폭발적으로 탄생하며 성장하였다. 고생대 캄브리아기 지층에서 수많은 화석으로 발견되어 신(神)에 의하여 창조되었다고밖에 다르게 설명할 수 없어 진화론을 주장하는 학자들과 창조론을 주장하는 학자들 사이에 많은 논란을 하고 있는 고생대 "캄브리아기 생물 대폭발"이 지구에 남아있는 태양의 탄생을 증명할 확실한 증거라고 생각한다.

태양의 탄생 또한 고생대 "캄브리아기 생물 대폭발"이 발생한 원인을 설명할 수 있는 유일한 단서이기도 하며 태양의 탄생으로 지구 최초의 빙하기인 "스노우볼 지구"가 끝나게 되었으며 태양의 나이는 약 5억 8천만 살이라 추정 할 수 있다.

달과 지구의 나이는 아폴로11호가 가져온 월석의 나이와 같은 약 45억 살이며 태양계의 행성들이 모두 만들어지고 태양계 블랙홀 엔진을 순환하며 행성들의 에너지를 모두 흡수한 수소가, 사라진 태양계 블랙홀에 모두 모여서 태양이 만들어지기까지 걸린 시간은 지구와 달이 만들어지고 나서 약 39억 2천만 년 동안의 긴 암흑기를 보낸 후에 태양이 탄생하였다.

고생대 "캄브리아기 생물 대폭발"(신화위키)
캄브리아기의 대폭발(Cambrian Explosion)은 5억 4,200만 년 전에 다양한 종류의 동물화석이 갑작스럽게 출현한 지질학적 사건을 일컫는다. 7

억 5천만 년 전부터 5억 8천만 년 전 시기에 전 지구가 얼음에 덮이는 혹독한 빙하기가 찾아왔다는 가설이 60년대부터 제기되었다. 이 가설을 스노우볼 지구라고 하는데, 빙하기가 끝나면서 캄브리아기의 대폭발이 찾아왔다는 점에서 특별한 관심을 끌고 있다. 캄브리아기 폭발은 캄브리아기에 들어서면서 다세포 생물이 갑자기 번성하면서 종의 다양성이 폭발적으로 늘어난 현상을 일컫는다.

그 증거로 바로 고생대 캄브리아기의 지층을 들 수 있다. 여기서는 수천 종의 동물 화석이 동시에 발견됐기 때문이다. 생명의 탄생과 진화가 이뤄지던 지구에 갑자기 엄청난 종류의 생물들이 폭발하듯 출현한 5억 년 전. 캄브리아기 대폭발이라고 불리는 이 사건의 수수께끼는 과학계의 오랜 숙제로 남아 왔다.

5억 4,300만 년 전부터 5억 3,800만 년 전 사이의 캄브리아기에 해당하는 약 500만 년 사이에 생물의 문(Phylum)수가 3문에서 38문으로 폭발적인 진화가 이루어졌는데, 진화가 갑작스럽게 일어났다. 바로 이 시기에 최초의 눈이 등장했으며, 눈의 탄생과 더불어 생명의 역사에서 기념비적인 사건인 캄브리아기 대폭발이 일어났다고 주장된다.

5억 3천5백만 년 전의 캄브리아기의 대폭발 이후로 다세포 진핵생물은 육상을 점령하고, 하늘에 진출했으며, 바다에서는 생태계의 꼭짓점에 군림하는 등 엄청난 성공들 거두었다. 한편 캄브리아기 이후 생물 종의 대부분을 멸종시킨 대량 멸종 사건이 다섯 차례 있었다는 것이 확인되었다.

대량멸종사건은 기존에 번성하던 생물 종들을 대부분 지구상에서 사라지게 하지만, 거기에서 살아남은 종들은 다시 번성하여 기존의 생태적 지위를 차지하게 된다는 점에서 생물의 진화에 결정적인 영향을 미치는 사건이다.

고생대 말의 대량 멸종은 판게아의 분열과 관련된 대규모 화산 활동에 의했다고 생각되며 중생대 말의 대량 멸종은 운석 충돌로 야기되었다. 중생대 말의 대량 멸종 이후 포유류들이 번성하게 되었다. 지금으로부터 200만 년 전에 포유류 가운데 원시인이 처음 생기고, 사람도 진화하여 현대의 인간이 되었다.

PART VI

우주의 여러 현상을 블랙홀 엔진 이론으로 설명

은하와 우주는 태양계에 비하여 크기와 규모 면에서 엄청난 차이가 나고 만들어지는 과정 또한 상상할 수 없이 오래 걸리지만 태양계가 만들어지는 과정과 은하와 우주가 만들어지는 과정은 다르지 않고 똑같다.

은하계에서 나타나는 현상이나 우주에서 나타나는 여러 현상들을 태양계의 탄생과정에서 나타난 현상과 온도나 규모를 비교할 경우에는 은하계와 우주의 축소판인 태양계의 축소 배율과 해당하는 만큼 은하계나 우주 온도와 규모를 같은 배율로 축소하여 태양계의 현상과 비교하여야 한다.

은하계와 우주를 이해하려면 우선 태양계의 탄생원리를 자세히 이해하여야 하며 우주탄생과정과 순환 원리에는 여러 가지 이론이 있겠으나 요즘 정설로 여겨지고 있는 빅뱅이론과 수많은 학자들이 오랫동안 연구하여 밝혀낸 우주의 여러 현상들을 블랙홀 엔진이론으로 설명한 태양계의 탄생과정에 나타난 여러 현상과 비교하여 설명하고자 한다.

1. 빅뱅 우주론 설명

1929년에 허블(Edwin Powell Hubble, 1899~1953)은 은하들의 적색 이동)을 조사한 끝에 멀리 떨어진 은하일수록 더 빠르게 멀어지고 있다는 사실을 알아냈다.

허블은 이 사실이 우주가 팽창하고 있음을 말해 주는 중요한 증거라고 보았다. 다시 말해 우주에 있는 은하들은 모두 우리은하로부터 멀어지고 있으며, 그 속도는 거리에 비례한다는 것이다. 이것을 '허블의 법칙'이라 한다(V=H×r). 우주는 어느 방향으로나 똑같은 비율로 팽창하고 있으며, 어느 은하에서 관측하더라도 같은 결과를 얻게 된다. 따라서 팽창의 중심은 없는 것이다.

곧 우주의 중심이 없다는 것을 의미한다. 그런데 만약 우주가 팽창하고 있다면, 필름을 거꾸로 돌리듯 시간을 거슬러 올라가면 언젠가는 한 점에 모이게 되며 우주는 아무것도 없는 한 점에서 폭발하여 만들어졌다는 이론이다.

빅뱅은 태양계에서 수소가 모여서 태양이 탄생할 때 원시 태양이 점화되는 과정과 동일한 과정으로 우주에 가득 차 있는 수소가 핵융합을 시작하여 우주 태양이 점화되어 팽창하는 순간을 학자들은 빅뱅이라고 한다.

태초 우주에 가득 차 있던 수소가 모여 그 중심은 고온, 고압이 되어 전기적인 충격 없이도 점화되어 핵융합을 시작하는 과정으로 137억 년 전의 일이라는 것을 밝혀냈다니 실로 대단한 일이다. 수소는 무색투명하기 때문에 아무것도 없는 곳에 폭발했다고 볼 수 있으며 빅뱅이라고 하는 것보다 이제부터는 Big Sun의 탄생이라고 부르기로 한다.

2. 인플레이션 이론과 무한 팽창하는 우주

갓 태어난 우주는 약 $10^{-33} cm^3$ 밖에 안 되는 아주 작은 우주였을 것이다. 그러나 그 속에는 무한이라 할 수 있는 진공의 에너지로 가득 차 있었다. 일반 상대성 이론에 따르면, 진공 에너지는 음(마이너스)의 압력을 가지고 있어서 공간을 급격히 팽창시킨다.

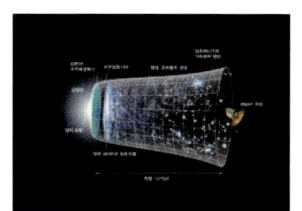

우주 탄생으로부터 10~36초 후, 우주는 광속을 훨씬 넘는 속도로 팽창을 시작하여 짧은 시간 사이에 엄청난 크기로 커졌다고 하는 이론이 우주의 '인플레이션'(inflation)이라고 한다. 우주의 인플레이션'(inflation)이라고 하는 이론은 태양이 점화되어 핵융합을 시작하여 팽창하는 우주 태양 내부의 모습을 설명한 것이다.

은하단을 중심으로 우리은하 안쪽궤도를 공전하는 안드로메다은하의 공전 속도보다 바깥쪽을 공전하는 우리은하가 시속 40만km 더 빠른 속도로 안드로메다은하를 뒤좇아 가며 공전하고 있다. 우리가 보기에는 안드로메다은하가 우리은하 방향으로 빠르게 다가오며, 우주의 모든 별들이 우리은하로부터 멀어지는 것처럼 보이는 것으로 학자들은 우주가 무한팽창하고 있다고 말하고 있는 것이다.

3. 우주에는 암흑물질이 존재하지 않는다

뉴턴의 만유인력 법칙
질량이 있는 두 물체 사이의 중력은 각 물체의 질량의 곱에 비례하고, 두 물체의 떨어진 거리의 제곱에 반비례한다.

$F = G\dfrac{Mm}{r^2}$

F = 두 물체간에 작용하는 힘
G = 두 물체간에 작용하는 힘
Mm = 두 물체간에 작용하는 힘
r = 두 물체간에 작용하는 힘

태양과 가까울수록 공전 속도가 빨라지고 태양에서 멀어질수록 공전 속도가 늦어져 태양계의 행성들은 뉴턴의 만류인력법칙 적용을 받는다.

은하계 중심의 블랙홀을 중심으로 공전하는 은하계의 별들의 공전 속도가 은하계의 중심과의 거리가 멀어질수록 줄어들지 않고 오히려 은하의 중심으로부터 멀리 떨어진 별이 더 빠르게 공전하는 현상이 발견되었다.

이러한 현상이 만류인력에 반대로 작용하는 힘을 발생하게 하는 우리가 모르는 거대한 물질이 있다고 생각하고 이것을 암흑물질이라고 부른다.

행성이 분리될 당시의 태양계 블랙홀 엔진의 자전 속도가 그 행성의 공전 속도이기 때문에 자전하는 태양계 블랙홀 엔진 외곽으로부터 분리된 순서대로 태양계 행성들의 공전 속도는 점점 느려지게 되는 것과 마찬가지로 은하계에서도 먼저 만들어진 먼 거리의 별들이 가까운 중심 쪽의 별보다 공전속도가 빠른 것은 당연한 것이다.

은하계는 아직 별들이 만들어지고 있는 단계이며 은하계의 별들이 모두 만들어지고 은하계 블랙홀이 사라지게 되면 은하블랙홀을 순환하며 은하 별들의 에너지를 모두 흡수한 수소가 중심에 모여 은하 태양이 만들어지게 된다. 태양계에서 태양의 탄생으로 태양에 가까울수록 행성들의 공전 속도가 빨라지게 되는 것처럼 은하계의 별들도 중심으로 갈수록 공전 속도가 빠르게 변하여 뉴턴의 만류인력 적용을 받게 된다.

우주에 존재하는 수많은 블랙홀은 강력한 중력을 갖고 있어 무엇이든지 빨아들인다는 신비한 천체가 아니고 "코스모스 블랙홀 엔진" 이론으로 설명한 것처럼 고온의 기체 상태의 암석물질이 더 높은 온도의 중심별을 공전할 때 저온 측에 에너지를 잃고 상변화 하는 과정에서 자전에 의한 원심력으로 중심에 만들어진 구멍이다. 블랙홀은 압력이 낮아 주변의 수소가 빨려 들어가 순환하는 입구이며 수소와 헬륨과 같이 무색투명하여 보이지 않거나 에너지를 모두 잃게 되어 어두워서 보이지 않는 별을 제외하고 암흑 물질과 같은 물질은 우주에 존재하지 않는다.

4. 중력렌즈 현상이란 무엇을 말하는 것인가?

투명한 유리나 플라스틱으로 만든 렌즈를 통해서 물체를 보면 물체의 모양은 축소 또는 확대되거나 변형되어 보인다. 이것은 빛이 공기 중을 진행할 때와 유리나 플라스틱 속을 진행할 때 속도가 달라져서 경계면에서 빛이 굴절되기 때문에 생기는 현상이다.

우주에서도 이와 비슷한 현상이 일어난다. 1915년에 아인슈타인은 일반상대성이론을 통해 빛은 천체의 중력장에 의해 그 경로가 휘어질 것을 예측하였고, 천문학자 에딩턴은 개기 일식 때 태양을 관측하여 태양 뒤쪽에서 오는 빛이 태양 가까이 지날 때 중력에 의해 휘어지는 현상을 관측하였다. 천체의 중력이 클수록 이 현상은 더욱 크게 난다. 만약 천체가 하나의 별이 아니라 수십~수천억 개의 별이 모인 은하이거나 수천 개의 은하들이 모인 은하단이라면 중력은 막강하여 천체의 빛을 더욱 강하게 휘도록 하는 렌즈의 역할을 기대할 수 있는데 이것을 중력렌즈라 부른다. 수십억 광년 너머에 있는 먼 천체에서 방출된 빛이 지구로 오는 경로 상에 중력렌즈의 역할을 하는 천체가 있다면 지구상의 관측자에게 멀리 있는 천체는 변형되어 보이거나 여러 개로 보이는 현상이 나타나게 되는데 이것을 중력렌즈 현상이라 한다. 중력렌즈 현상은 1979년에 처음으로 Q0957+561 퀘이사에서 발견된 이후 100개가 넘게 발견되었다. 이것은 우주의 천체들이 강한 중력으로 빛을 휘게 함으로써 나타나는 우주의 신기루 현상이며 일반상대성이론이 옳다는 증거라고 학자들이 주장하고 있다.

블랙홀 엔진이론으로 우주의 중력렌즈 현상을 설명하면 태양과 같이 수소로 이루어진 항성에서 나타나는 중력렌즈 현상은 수소가 핵융합하는 과정에서 만들어진 헬륨이나 코로나 층을 빛이 통과할 때 나타나는 현상이며, 퀘이사와 같은 은하에서 나타나는 중력렌즈 현상은 퀘이사중심의 블랙홀을 통하여 퀘이사 블랙홀 엔진을 순환하는 수소 구역을 빛이 통과할 때 나타나는 현상이다. 이러한 현상은 빛이 밀도가 다른 물질 사이를 통과하는 과정에서 빛이 굴절되어 나타나는 현상이며 중력에 의한 현상은 아니라고 생각한다.

5. 보이드란 무엇을 말하는 것인가?

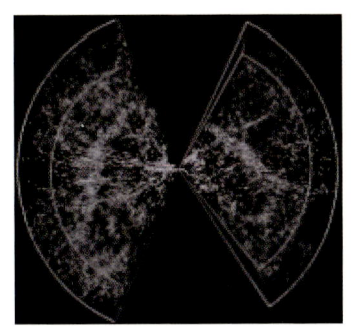

우주에는 천체가 밀집되어 있는 지역과 물질이 거의 없는 빈 공간이 있는데, 물질이 없는 구역을 보이드(Voids)라고 한다.

"보이드"는 수소가 블랙홀은 통하여 은하계 블랙홀 엔진을 순환하는 통로이기 때문에 이곳에는 수소와 같은 가스 이외에 어떠한 물질도 존재하지 않으며 이곳을 순환하는 수소와 같은 가스는 무색투명하기 때문에 우리가 관찰하게 되면 빈 공간으로 보이는 것이다.

6. 태양계는 은하계의 미래 모습이며, 은하계는 태양계의 과거의 모습이다

우주는 계속 순환하기 때문에 현재 우리가 바라보고 있는 은하계는 태양계의 과거를 확대한 모습과 같으며 은하계의 미래를 축소한 모습이 우리가 살고 있는 현재의 태양계이다. 은하계의 미래가 궁금하면 태양계를 같은 배율로 확대하여 살펴보면 되고 태양계의 과거가 궁금하면 현재 은하계를 같은 배율로 축소하여 연구하면 알 수 있다. 태양계, 은하계, 우주는 크기와 규모만 다를 뿐 서로의 과거이자 미래의 모습인 것이다.

7. 고무줄 같은 우주 나이

허블상수의 값은 허블이 1929년에 5백km/초/Mpc(1백만 pc만큼 떨어진 천체가 1초에 5백km의 속도로 멀어진다는 뜻)의 값을 발표한 이후 천체의 거리 측정 방법이 향상되면서, 점점 작아졌다(반면 우주의 크기는 커짐).

1999년 2월에 발표된 허블상수의 값은 약 65km/초/Mpc이다. 이로부터 우주상수가 0일 때의 우주의 팽창 나이를 구하면 1백20억 년이 된다. 이 팽창 나이는 가장 늙은 구상성단의 나이인 140억년보다 작다. 이는 부모(우주)가 자식(구상성단)보다 나이가 적게 되는 꼴로 모순이다. 이것이 유명한 우주의 나이 문제이다.

위와 같은 현상을 지금까지 설명한 블랙홀 엔진 이론에 의하면 달이 만들어지고 지구가 만들어졌으며 태양계의 모든 행성들이 만들어진 후에 태양이 만들어졌듯이 부모(우주)가 자식(구상성단)보다 나이가 적게 되는 것은 모순된 것이 아니고 정상적인 현상이며 블랙홀 엔진 이론이 옳다는 것을 간접적으로 증명하는 것이다.

8. 블랙홀에서 강한 X선이 방출되는 이유

은하 중심에서 발생하는 강한 X선 방출되는 현상을 블랙홀 제트 현상이라 하며 은하 중심에 거대 블랙홀이 존재한다는 증거로 삼고 있다.

우리은하에서 태양계가 분리되어 자전에 의한 원심력으로 만들어진 압력이 낮은 블랙홀로 주변의 수소가 빨려 들어가 순환하며 마찰에 의하여 태양계 블랙홀 엔진은 ⊕전하를 띄게 되고 순환하는 수소는 ⊖전하를 띄게 된다.

⊖전하를 띈 수소가스가 ⊕전하를 띈 블랙홀 엔진으로 빨려 들어가게 되면 강한 블랙홀 제트 현상이 발생한다. 전위 차이에서 발생하는 블랙홀 제트 현상은 진공상태에서는 잘 발생하지 않는데 블랙홀로 순환하는 수소 가스에 의하여 블랙홀 제트 현상이 발생하게 된다.

블랙홀을 통하여 순환하는 수소는 투명하여 보이지 않고 블랙홀 제트 현상만 관찰되는데 이때 발생하는 강한 X선 방출을 감지하여 블랙홀의 존재를 확인할 수 있으며 최초에 블랙홀 제트개시 압력 이상으로 전위차가 발생하여 일단 블랙홀 제트 현상이 시작되면 전위차와 함께 블랙홀 제트 현상도 나타났다 사라지기를 반복하며, 시간이 흘러 행성들이 만들어지게 되면 점점 약해져서 마지막에 블랙홀과 함께 사라지게 된다.

'에너지 토해내는 블랙홀' 중앙일보 (2013. 11. 23)

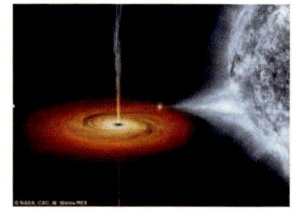

에너지 토해내는 블랙홀의 비밀이 풀렸다. 최근 학술지 '네이처' 온라인 판은 유럽 천문학자들이 국제공동연구팀을 꾸려 제트의 비밀을 발견해내는데 성공했다고 전했다. 제트는 천체가 폭발할 때 전파나 빛이 거세게 분출하는 현상을 말한다. 블랙홀의 제트 현상은 천문학자들 사이에 수수께끼로 남아있었다.

보도에 따르면 연구팀은 X선 자료 등을 분석한 결과 제트의 속도가 광속의 66%인 초속 19만 8,000㎞라는 것을 알아냈다. 유럽우주기관이 포착한 블랙홀 '4U1630-47'은 모든 물질을 집어 삼키는 것이 아니라, '입맛에 맞지 않는' 물질과 에너지를 다시 강력한 제트기류의 형태로 내뿜는다.

연구팀은 "거대한 블랙홀로부터 뿜어져 나오는 제트기류는 주변 은하의 진화와 운명을 결정하는데 영향을 미친다."고 설명했다.

9. 쌍성계

쌍성(雙星) 또는 연성(連星)은 두 항성이 공통의 질량중심 주위로 공전하는 항성계이다. 항성계에서 가장 밝은 별을 주성(主星)이라고 하며, 주성보다 어두운 다른 별(들)을 동반성(同伴星), 반성(伴星) 또는 짝별이라 부른다.

쌍성은 1802년 윌리엄 허셜에 의해 처음 사용되어졌으며 두 별 중 밝은 별은 주성, 어두운 별을 반성 혹은 동반성이라 한다. 한편 두 개 이상의 별로 구성된 항성계를 다중성계(multiple star systems)라고 한다.

태양계 블랙홀 엔진이 행성으로 분리될 때 항상 둘로 분리되는 모습이 쌍성처럼 보이는 것이 우주에서 흔하게 발견되는 경우이며 태

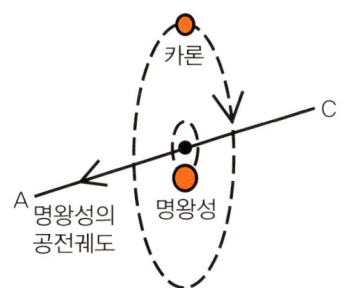

양계가 완성된 후의 진정한 쌍성은 명왕성과 카론으로, 서로 묶여있는 것처럼 사라진 블랙홀을 중심으로 공전하는 경우가 진정한 쌍성이다.

태양계보다 규모가 엄청나게 큰 은하계나 우주에서도 명왕성과 카론처럼 사라진 블랙홀을 공전하는 쌍성이 있으며 또 다른 하나는 행성으로 분리되는 과정에서 쌍성처럼 보이는 경우가 있다.

수소 핵융합을 하는 항성이 만들어지기 위해서는 태양계에서 수성과 금성처럼 사라진 블랙홀을 중심으로 공전하는 쌍성이 만들어져야 순환하는 수소가 사라진 블랙홀에 모여 수소 핵융합을 시작하여 항성이 만들어질 수 있다.

목성이 수소 핵융합을 하는 항성이 되지 못한 이유가 여러 가지 있겠지만 목성의 많은 위성을 만들고 마지막으로 쌍성을 만들지 못하여 중심에 수소가 모일 수가 없게 되어 암석 물질로 이루어진 중심핵을 갖게 되어 많은 수소는 핵융합을 하지 못하고 목성의 대기가 되어 가스형 행성이 되었다.

10. 적색거성과 백색왜성

블랙홀 엔진에서 둘로 분리될 때 껍질 부분을 넘겨받은 행성은 규모가 커지며 온도가 낮아 붉어진 금성과 같은 별은 은하계나 우주에서는 적색거성이라고 하고 껍질을 넘겨주며 수성이 분리될 때처럼 규모는 축소되며 온도가 높아 밝아진 별을 백색왜성이라고 한다.

수성과 금성처럼 마지막 쌍성이면 사라진 블랙홀에서 수소로 이루어진 항성이 만들어지지만 그렇지 않은 경우에 백색왜성은 다시 둘로 분리되어 적색거성과 백색왜성으로 분리되기를 반복한다. 분리될 때 백색왜성은 밝아지고 동시에 적색거성은 빛을 잃고 어두워지게 되자 마치 적색거성이 백색왜성에게 잡혀먹는 것으로 생각할 수도 있다.

은하계나 우주에서 태양보다 아무리 규모가 크고 온도가 높은 적성거성이나 백색왜성이라 할지라도 태양처럼 수소핵융합을 하는 것은 아니고 수성이나 금성처럼 암석물질로 된 별로서 규모가 크기 때문에 압축열로 인하여 태양보다 높은 온도를 갖게 되었지만 수명이 짧다.

11. 쌍성계가 은하계 항성들의 절반 이상을 차지하는 이유

태양계에서 행성들이 외곽으로부터 계속해서 분리되며 먼저 분리된 행성은 냉각되어 계속해서 시야에서 사라지면서 태양계 블랙홀 엔진이 계속 둘로 분리되기 때문에 태양계의 행성들이 만들어질 때에 동시에 빛을 내는 행성은 서너 개 정도에 불과하기 때문에 은하계나 우주에서 쌍성계는 매우 흔한 별이며 쌍성계가 절반 정도를 차지하는 것이다.

이와 같이 은하계나 우주계에서 쌍성계가 절반을 차지한다는 이야기는 행성이나 별들이 만들어질 때 빠른 속도로 만들어지며 우주가 굉장히 빠른 속도로 냉각되어 가고 있다고 볼 수 있다.

12. 변광성이란 무엇인가?

밝기가 변하는 별이다. 주기적으로 변하는 별도 있고, 어느 정도 주기를 두고 변하는 별도 있고, 불규칙적으로 변하는 별도 있다. 유형에 따라 식변광성, 폭발변광성, 맥동변광성 세 가지로 나뉜다.

식변광성은 2개의 별이 서로의 주변을 공전하고 있는 쌍성계에서 발생하는 현상으로 실제 두 별의 밝기는 일정하다. 단지 공전하면서 서로를 가려 주다 보니 밝기가 어두워졌다가 밝아졌다가를 반복하는 것뿐이다.

맥동변광성은 별이 마치 심장박동이 뛰는 것처럼 일정한 주기에 따라 커졌다가 작아지기를 반복하면서 밝기가 변하는 별이다.

변광성을 태양계에서 찾아보자면 태양이 만들어지기 전의 금성과 수성, 명왕성과 카론처럼 사라진 블랙홀을 중심으로 공전하는 모습이 규모가 방대한 은하계에서의 쌍성이 공전하는 옆모습을 멀리서 보게 된다면 별이 일정한 간격으로 좌우로 움직이며 별이 흐려졌다가 밝아졌다 하는 모습으로 보일 것이다.

13. 퀘이사란 무엇인가?

블랙홀이 주변 물질을 집어삼키는 에너지에 의해 형성되는 거대 발광체로서 '준성(準星)'이라고도 하며 지구에서 관측할 수 있는 가장 먼 거리에 있는 천체이다.

퀘이사는 하늘에서 별처럼 보이지만, 사실은 수천 내지 수만 개의 별로 이루어진 은하이다. 퀘이사가 그렇게 멀리 있음에도 불구하고 관측이 가능하다는 것은, 거대한 에너지를 방출되고 있기 때문이다.

천문학자들은 퀘이사가 이처럼 거대한 에너지를 낼 수 있는 이유를 중심의 블랙홀 때문으로 보고 있으며 퀘이사의 중심에는 태양 질량의 10억 배나 되는 매우 무거운 블랙홀이 자리 잡고 있으며, 원반의 물질은 회전하면서 블랙홀로 떨어지고 있으며, 이때 물질의 중력 에너지가 빛 에너지로 바뀌면서 거대한 양의 빛이 나와 유난히 밝은 은하가 있다.

태양계의 쌍성과 마찬가지로 우주에도 쌍둥이 은하가 있으며 쌍둥이 은하 자신도 블랙홀을 갖고 있지만 더 큰 은하계 중심의 블랙홀을 중심으로 공전을 한다.

쌍둥이 은하가 태양계의 수성과 금성처럼 마지막 쌍둥이 은하라면 은하계 중심의 사라진 블랙홀에서는 거대한 은하계의 태양이 탄생하게 되지만 그렇지 않은 경우 다시 둘로 분리기를 반복한다.

껍질 부분을 금성에 빼앗기고 밝아진 수성이나 적색거성에게 껍질을 넘겨주고 밝아진 백색왜성처럼 쌍둥이 은하에게 껍질 부분을 넘겨주고 중심에 강력한 블랙홀을 가지고 밝게 빛나고 있는 쌍둥이 은하를 퀘이사라고 한다.

14. 중성자별과 펄사란 무엇인가?

블랙홀 엔진 이론으로 중성자별을 설명하면 사라진 태양계 블랙홀을 중심으로 공전하는 수성과 금성의 당시 모습을 보거나 명왕성과 카론처럼 사라진 블랙홀을 중심으로 공전하는 현상을 학자들이 주장하고 있는 중력이론으로 바라볼 때 사라진 블랙홀에는 강력한 중력을 갖고 있는 중성자별이 있다고 생각할 수 있으며 학자들에 의하여 관측되었다는 중성자별이 양극 방향으로 펄사를 방출하는 현상을 블랙홀 엔진 이론으로 다음과 같이 설명할 수 있다.

블랙홀에서 발생한 블랙홀 제트현상은 특성상 일정한 주기를 갖게 되는데 규모가 커지면 발생하는 전압차이도 크게 되어 더 큰 블랙홀 제트현상과 빠른 주기를 갖게 된다. 블랙홀 제트현상을 축 방향에서 바라보게 되면 주기적으로 나오는 전파신호와 함께 강력한 빛이 발생하게 되는데 일정한 주기를 갖는 전파신호를 펄사라고 하고 이 때 발생한 강력한 빛은 일정한 주기를 갖고 회전하게 된다. 빛이 주기적으로 회전하는 현상을 먼 거리 축 방향에서 관찰하게 되면 마치 중성자별이 강력한 펄사를 방출하며 빠른 속도로 자전하는 듯이 보이게 될 것이다.

중성자별의 이론

중성자별은 무거운 별이 진화의 마지막 단계에서 초신성폭발을 겪고, 남겨진 중심핵을 말한다. 초신성 폭발 후 중심핵 부분은 계속 수축하게 되는데 이때 양성자와 전자가 합쳐져 중성자를 형성하게 되어 크기는 수십 km 정도인 작고 높은 밀도를 가진 중성자별이 형성된다.

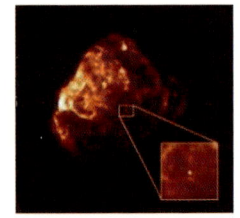

일반적인 중성자별은 태양 질량의 약 1.4배에서 약 2.8배에 해당하는 질량을 가지는 반면, 태양 반지름의 1/30,000에서 1/70,000에 해당하는 약 10~20km의 반지름을 가진다.

그러므로 중성자별의 밀도는 원자핵의 밀도와 맞먹는 $8 \times 10^{13} g/cm^3 \sim 2 \times 10^{15} g/cm^3$ 수준이다. 따라서 찬드라세카르 한계, 즉 외부 껍질이 날아간 이후에 남은 핵의 질량이 태양 질량의 약 1.4배 보다 가벼운 천체는 백색왜성이 되며, 외부 껍질을 제외한 핵의 질량이 약 1.4배보다 크면, 별의 자체 중력으로 인하여 원자핵과 전자의 경계가 모호해지며 모든 내부 물질이 중성자로 바뀌며 결국 중성자별이나 블랙홀로 변하게 된다.

중성자별은 원래의 별이 지니고 있던 각운동량의 대부분을 유지하지만, 자체적인 중력으로 인해 반지름은 매우 작아져 있는 상태이다. 따라서 약 1초에서 30초 정도에 한 바퀴를 도는 빠른 자전 속도를 보이게 된다.

위 사진은 Puppis A라 불리는 초신성 잔해를 X-ray 영역에서 촬영한 것이다. 사진의 가운데에 있는 확대한 별이 갓 태어난 중성자별일 것으로 추측하고 있다. 또한 중성자별이 양극 방향으로 펄사를 방출하는 것이 관측되기도 한다.

펄사의 이론

버넬(Burnnel)은 1967년에 플라즈마의 신호를 분석하고 있을 때, 주기적으로 나타나는 신호를 발견하였다. 이것은 정확히 1.337초마다 규칙적으로 일어나는 맥

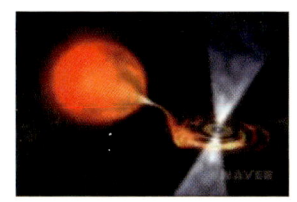

동(pulses) 현상이었고 후에 학자들은 이것을 펄사(Pulsar)라고 이름 지었다.

이후 많은 연구로부터 이 현상은 회전하는 중성자별에 의해 발생된다는 사실이 밝혀졌다. 옆의 그림은 중성자별과 펄사의 모형을 잘 나타내고 있다. 그림에서 볼 수 있듯이 매우 빠른 속도로 회전하면서 강한 자기장을 띠고 있는 중성자별은 양극으로 싱크로트론 복사를 방출하게 된다. 이때 자기장의 축은 회전축과 일치하지 않고 기울어져 있으며, 자기축이 지구의 방향과 일치할 때 우리는 펄사를 관측할 수 있다.

펄사가 관측되는 유명한 천체로는 게성운(M1)이 있다. 게성운은 중심에 중성자별이 있고 그 밖으로는 1054년에 폭발한 후의 초신성 잔

해가 둘러싸고 있다고 예측된다. 게성운은 약 0.33초당 강력한 신호를 내보내고 있으며 다음의 관측 사진으로부터 잘 나타나고 있다.

꽃게 닮은 별 게성운 소년한국일보(2009. 08. 03)
초신성 폭발로 흩어진 별 '성운' 이뤄
북아메리카 벽화와 중국 고대 서적에도 기록
1731년 처음 발견… 한가운데 '중성자별' 밀도 매우 높아

황소자리에 위치한 게성운은 영국의 아마추어 천문학자인 존 베비스가 1731년에 처음 발견하였습니다. 그 뒤 1758년, 프랑스의 천문학자 샤를 메시에는 게성운을 시작으로 성운(가스나 우주 먼지로 이루어진 구름처럼 보이는 천체)과 성단(별의 무리)을 109개로 정리한 '메시에 목록'을 만들었지요. 자신의 이름 첫 글자인 'M'과 이 목록의 첫 번째 순서라는 뜻으로 이 성운에 'M1'이라는 이름을 지어 주었습니다. 1884년에는 영국의 천문학자 로스는 지름이 183cm인 반사 망원경으로 천체를 관측하던 중 'M1'이 게의 등딱지처럼 생겼다고 하여 게성운이라는 별명을 붙여 주었고요.

게성운은 진화의 마지막 단계에 이른 별, 즉 초신성의 폭발로 만들어졌어요. 초신성이 폭발할 때는 엄청난 에너지가 순간적으로 방출되어 그 밝기가 태양의 수억 배에 이르기도 한답니다. 별의 겉면을 이루는 물질은 사방으로 뿔뿔이 흩어지면서 성운을 이루지요. 게성운도 이와 같은 초신성 폭발로 흩어져 나간 별의 부스러기입니다. 게성운의 한가운데에는 중성자별이 자리 잡고 있지요. 중성자별의 밀도는 매우 높아서 그것을 이루는 물질을 한 숟가락 떠서 무게를 잰다면 무려 10억 t에 이를 것입니다.

게성운 초신성 폭발에 관한 기록은 북아메리카의 벽화와 중국의 고대 서적에서 확인할 수 있어요. 미국 애리조나에 있는 화이트 메사 동굴과 나바호 산에는 오늘의 미국 남서부 지역에 살던 원주민인 아나사지족이 이 성운에 관해 그린 벽화가 남아 있습니다. 천문학자들은 이 벽화에 그려진 초승달을 이용해서 초신성이 1054년 7월 5일에 있었음을 계산해냈어요.

중국 송나라 때의 연대기인 '송사천문지'에는 '1054년 여름 남동쪽에 낯선 별이 나타났는데 불그스름한 빛깔로 금성보다 밝았으며 23일 동안은 대낮에도 볼 수 있었다. 그 후 차츰 어두워졌으며 1056년 봄 사라졌다.'라고 적혀 있답니다.

15. 블랙홀 제트 현상 설명

원시태양계가 우리은하에서 분리되어 자전을 시작하면 원심력에 의하여 원반 중심에 만들어진 압력이 낮은 블랙홀을 통하여 주변의 수소가 빨려 들어가며 순환하게 되면 순환하는 수소는 ⊖전하를 띠게 되고 회전하는 블랙홀 엔진은 ⊕전하를 띠게 되며 계속 순환하여 전위차가 커지게 되면 ⊖전하를 띤 수소가 ⊕전하를 띤 블랙홀로 빨려들어 갈 때 강한 아크가 발생하게 되는데 이것을 블랙홀 제트현상이라고 하며 전위차에 의하여 일정한 주기를 가지고 나타났다 사라지기를 반복하며 행성이 분리되며 차차 소멸하여 간다.

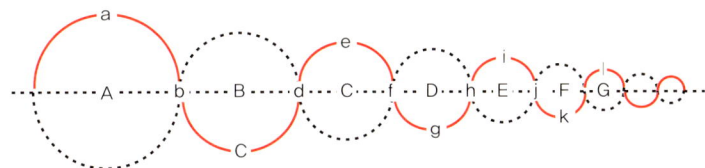

블랙홀 엔진	A		B		C		D
지 점	a	b	c	d	e	f	g
전위차	최대	보통	최소	보통	최대	보통	최소
블랙홀 제 트	시작	멈춤	멈춤	멈춤	시작	멈춤	멈춤
행성 분리	분리완료	냉각	고리생성	분리시작	분리완료	냉각	고리생성

가. 블랙홀 엔진은 냉각되어 행성을 만들며 A, B, C, D…로 축소되어 사라진다.

나. 블랙홀을 통하여 순환하는 수소와의 마찰로 발생한 정전기에 의하여 지점 "a"에서 전위차가 최대가 되어 강한 블랙홀제트가

시작된다.

다. 냉각되며 지점 "b" 지점에서 블랙홀 제트는 멈추고 전위차는 좁혀져 지점 "c"에서 전위차가 최소가 되며 행성이 분리되기 위하여 행성의 고리가 만들어진다.

바. 냉각되어 지점 "d"에서 행성이 분리되기 시작하여 지점 "e"에서 행성이 분리 완료된다.

사. 블랙홀 제트가 시작과 소멸을 되기를 주기적으로 반복하며 행성을 만들며 '블랙홀 제트 엔진'은 에너지를 잃고 A, B, C, D… 로 축소되어 사라진다.

규모가 큰 은하계나 우주에서 발견되는 블랙홀 제트현상은 위에서 설명한 것처럼 별이 분리될 때 전위차가 가장 크게 되어 강한 블랙홀 제트가 만들어지기 때문에 원거리에서 관찰하게 되면 별을 잡아먹고 에너지를 토해낸다고 생각할 수 있다.

16. 게성운은 초신성이 폭발한 잔해가 아니고 어린 신생성단이다

초신성폭발로 만들어졌다는 게성운을 태양계 블랙홀 엔진 이론으로 다음과 같이 설명할 수 있다.

우주에서 고온의 기체 상태의 물질들이 자전을 하면서 원심력에 의하여 원반 중심에 만들어지는 블랙홀의 크기는 발견된 것 중에 가장 큰 것은 태양 지름의 수천억 배 이르는 거대한 블랙홀도 있다.

이렇게 거대한 블랙홀 중심으로 수소 가스가 빨려들어 갈 때 발생하는 높은 전하 차이에서 거대한 아크 제트현상이 발생하게 되는데 옆의 그림은 은하의 블랙홀 제트현상이 발생하는 모습

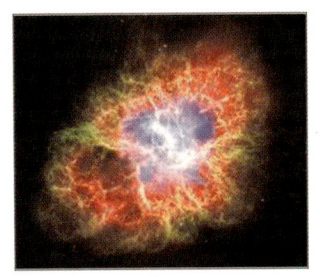

을 수소가스로 둘러싸인 은하의 밖 축 방향에서 바라본 모습으로 블랙홀 제트현상은 특성상 일정한 주기를 갖고 지속적으로 발생하게 되는데 게성운에서는 0.33초당 강력한 펄스가 감지되는 것도 이 때문이다.

축 방향에서 볼 수 있는 거대한 아크 제트현상이 발생하는 블랙홀은 우리은하 내에서는 찾아보기 어려우며 멀리 떨어져 있는 은하에서 블랙홀의 축이 지구를 향하고 있는 경우에만 관찰할 수 있으며 작은 블랙홀은 전파가 미약하여 관찰할 수 없고 대규모의 블랙홀인 경우에만 관측이 가능하다.

수소와 블랙홀 엔진과의 전위차가 높아져서 최초 블랙홀 제트개시 압력 이상의 전위차가 되면 강한 블랙홀 제트현상이 시작되어 최고의 밝기를 보이며 전위차에 의하여 약해졌다 사라지기를 주기적으로 반복한다. 시간이 지날수록 행성이나 별들이 만들어지면서 전위차이도 줄어들고 점점 흐려지게 되며 별이나 행성들이 다 만들어지고 마지막 쌍성이 만들어지면 블랙홀과 함께 블랙홀 제트현상도 사라지게 된다.

1054년에 발견한 게성운은 폭발한 초신성의 잔해가 아니고 신생 성단이며 더 큰 은하단에서 분리되어 자전으로 인한 원심력으로 납작해지며 원반 중심에 만들어진 강력한 블랙홀에서 최초의 블랙홀 제트현상으로 발생한 강력한 빛을 기록한 것이며 어린 신생성단인 게성운을 축 방향에서 바라본 모습이라고 할 수 있다.

17. 블랙홀이 별이나 다른 은하를 삼키는 현상은 무엇인가?

천문학자들은 블랙홀이 붉은 거성을 삼키는 과정에서 발생된 빛나는 섬광을 발견하고 한 달쯤 됐을 때 가장 빛났다가 1년에 걸쳐 소멸하는 것을 관찰했다고 하며 은하가 은하를 잡아먹는 현상을 관찰하였다고 한다.

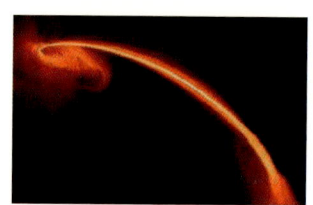

별이 블랙홀 속으로 빨려들어가는 전 과정이 최초로 포착됐다.(출처 =나사)

은하계에서 별들이 분리되는 모습을 설명한 것으로 태양계에서 수성과 금성이 분리되는 상황을 가지고 설명하면 수성과 금성이 서로 완전히 분리되기 전 수성의 껍질 부분이 상대적으로 온도가 낮은 금성으로 이동하여 빠르게 냉각 응축되어 금성은 체적이 커지고 빛을 잃고 시야에서 사라지게 되며 이와 반대로 금성에게 껍질부분을 넘겨준 수성의 체적은 작아지지만 밀도는 커지며 밝게 빛나게 된다.

이와 같이 수성의 껍질이 금성으로 이동한 후 금성이 냉각되어 시야에서 사라지고 수성이 밝게 빛나는 현상의 전 과정을 우리가 관찰할 수 있다면 마치 수성이 금성을 삼키는 듯이 보일 것이다. 이처럼 청색거성의 껍질 부분이 쌍둥이별인 적색거성에서 냉각 응축되어 적색거성이 냉각되어 먼저 시야에서 사라지게 되면 마치 청색거성이 적색거성을 잡아먹은 듯 보이게 된다.

"적색거성을 삼키는 과정에서 청색거성에서 섬광이 발생"한 것은 청색거성의 껍질 부분이 상대적으로 온도가 낮은 적색거성으로 이동하여 냉각되는 과정에서 청색거성의 껍질이 벗겨져 온도가 상승되어 밝게 빛나는 현상으로 청색거성은 온도와 규모에 따라 백색거성이라 부르기도 한다. 그리고 앞에서 설명한 것과 마찬가지로 행성이 분리될 때 전위차가 최대로 되어 강한 블랙홀 제트현상이 나타나게 된다. 이와 같이 블랙홀이 별을 잡아먹는 듯 한 현상은 태양계나 은하계가 분리될 때마다 공통적으로 매번 나타나는 현상이지만 짧은 시간에 걸쳐서 일어나기 때문에 관찰하기가 어렵다.

18. 두 개의 태양을 공전하는 행성이 존재할 수 있을까

새로운 쌍성계와 맨 먼저 조우한 사람은 우리나라가 연구를 주도한 국제공동 연구팀의 과학자들이다. 충북대 천체물리연구소는 "칠레와 남아프리카공화국, 호주, 뉴질랜드 등 남반구 곳곳에 흩어져 있는 망원경 9대가 우리은하 중심부를 관측한 결과를 연구팀이 함께 분석해 질량이 지구의 2배가량 되는 쌍성계 행성을 발견했다"고 밝혔다.

중심별끼리 가까이 있으면 행성은 두 별을 하나로 인식해 두 별을 가운데에 두고 공전하게 된다. 태양계로 치면 태양이 2개인 셈이며 하늘에선 두 태양(중심별)이 비슷한 위치에서 비슷한 속도로 뜨고 진다.

그러나 중심별끼리 멀리 떨어진 쌍성계 행성에선 사정이 다르다. 이 행성에서 보면 매일 뜨고 지는 태양(중심별)은 둘 중 하나(모성)뿐이다. 다른 한 태양(동반성)은 낮에 보였다가 밤에 보였다 하며 불규칙하게 뜨고 질 것이다. 두 태양이 따로따로 움직인다.

이와 같이 태양이 두 개인 현상을 태양계의 생성과정에서 블랙홀 엔진 이론으로 다음과 같이 설명할 수 있다. 태양이 만들어지기 전 수성과 금성이 빛을 내고 있을 때 수성과 금성을 중심으로 공전하고 있는 지구나 화성 등 다른 행성에서 서로 가까운 거리에 있는 수성과 금성을 바라보게 되면 두 개의 태양이 번갈아 가며 뜨고 진다고 생각할 수 있으며 이와 같은 현상도 둘로 분리될 때마다 매번 나타나는 현상이다.

19. 은하계에서 별의 질량이 클수록 수명이 짧은 이유

일반적으로 은하계나 우주에서는 별의 질량이 클수록 수명이 짧다고 알려져 있다.

태양계와 은하계 그리고 우주에 존재하는 별의 종류는 크기와 규모만 다를 뿐 크게 나누면 암석 물질로 이루어진 별, 수소 핵융합을 하는 별, 암석형 물질의 중심핵을 갖고 있는 가스로 이루어진 별이 있으며 스스로 빛을 낼 수 있는 별은 암석 물질로 이루어진 별과 태양계의 태양과 같이 수소 핵융합으로 빛을 내는 두 종류의 별이 있다.

우리은하의 외곽에 존재하는 태양계는 행성들이 모두 만들어지고 마지막으로 사라진 블랙홀에 수소가 모여 수소핵융합을 시작하여 태양이 만들어졌지만 은하계는 중심 쪽은 아직 암석 물질로 이루어진 별들이 만들어지는 단계이다.

은하계에 만들어지는 별들은 온도와 압력이 매우 높아 태양보다 수천 배 크고 거대한 질량 갖고 있지만 모두 암석 물질로 이루어져 있어 기체 상태의 암석 물질의 증발 잠열을 잃게 되면 즉시 냉각되어 굳어버리기 때문에 규모는 작지만 수소 핵융합을 하는 태양과 비교할 수 없을 정도로 수명이 짧다.

태양계에서 암석 물질로 이루어진 행성들이 모두 만들어진 후에 태양이 만들어진 것처럼 은하계에도 암석으로 이루어진 거대한 별들이 모두 냉각되고 은하계 중심의 블랙홀이 사라지게 되면 사라진 은하계 블랙홀 중심에는 은하계 별들의 에너지를 모두 흡수한 수소들이 모여 질량도 크고 수명 또한 긴 은하계의 태양이 탄생하게 될 것이다.

PART VII

우주의 탄생 과정과 순환 원리

빅뱅이론이란 간단히 말해서 우주가 어떤 한 점에서부터 탄생한 후 지금까지 팽창하여 오늘의 우주에 이르렀다는 이론이다. 얼핏 생각하기엔 황당하기도 하고, 수백억 년 전의 우주를 어떻게 알 수가 있을까 하는 생각도 들지만 무시하지 못할 많은 과학적인 증거들을 가지고 있다. 빅뱅이론은 현재 우주모델의 표준이 되는 것으로 상당히 강력한 과학적 증거들을 가지고 있다. 빅뱅 이론은 우주가 왜 대폭발을 일으켰는가에 대한 물음에 답할 수 없었으며 관측의 정확성도 불확실하여, 당시 허블이 계산한 약 20억 년이라는 우주의 나이가 지구의 나이 약 45억 년보다도 짧은 모순도 생겼다.

수많은 학자들이 연구하여 밝혀진 여러 현상들을 근거하여 에너지 보존법칙과 물리적인 법칙에 어긋나지 않게 지금까지 설명한 "코스모스 블랙홀 엔진"이론으로 우주의 축소판인 태양계의 생성과정과 순환 원리를 비교하여 빅뱅이론에 근거하여 우주의 탄생과정과 순환 원리를 설명하고자 한다.

1. 태초 우주에는 수소 이외에는 아무것도 존재하지 않았다.

2. 수소 중심의 압력과 온도가 상승하여 전자기적 점화 없이 스스로 수소 핵융합을 시작하여 팽창하는 에너지에 의하여 자전을 하는 거대한 우주의 태양이 탄생하였다.

3. 지금부터 약 138억 년 전의 빅뱅으로 우주가 탄생하였으며 한 점에서 폭발한 것은 맞는데 아무것도 없는 것이 아니고 무색투명한 수소가 핵융합을 시작한 것을 말하며 지금부터는 빅뱅이란 말 대신 Big Sun의 탄생이라 부르기로 한다.

4. 수소로 가득 찬 우주의 중심에서 Big Sun의 탄생으로 최초의 에너지가 만들어졌다.

5. 우주에 있는 수소의 규모는 짐작할 수 없을 정도로 광대하여 중심의 일부분만 핵융합을 하고 그 열에 의하여 핵융합을 하지 못한 다른 수소들은 일정 거리만큼 물러나게 된다.

6. 자전을 하는 Big Sun은 계속 핵융합을 하며 수소가 헬륨으로 바뀌게 된다.

7. Big Sun이 수명을 다하여 핵융합을 끝내고 수소가 모두 헬륨으로 바뀌어 흩어지며 Big Sun은 사라지게 된다.

8. Big Sun이 사라지자 자전하는 원반이 나타난다. 100%의 순도의 수소는 존재할 수 없으므로 수소가 핵융합을 하는 과정에서 수소에 포함되어 있던 불순물이 녹아 우주의 구성 물질들이 만

들어진 것이다.

9. Big Sun이 방출한 에너지도 주변에 있는 수소와 헬륨이 모두 흡수하여 보유하게 되며 우주의 수소와 헬륨의 질량비가 3:1인 이유 이다.

10. 자전하는 원반 중심에는 원심력으로 블랙홀이 만들어진다.

11. 우주 중심에 만들어진 블랙홀을 통하여 외부의 주변의 수소가 순환하며 코스모스 블랙홀 엔진이 작동을 하여 태양계에서 행성들이 만들어지는 원리와 같은 방법으로 분리된다.

12. 코스모스 블랙홀 엔진의 외곽으로부터 차례대로 여러 은하단이 분리된다.

13. 은하단은 다시 여러 은하로 분리되고 그중에 하나가 우리은하 이다.

14. 우리은하 외곽 나선 팔 부분에서 분리되어 태양계가 탄생하였다.

15. 태양계 블랙홀 엔진 가동으로 외곽으로부터 차례대로 행성들이 만들어진다.

16. 행성들이 모두 만들어지면 순환하는 수소가 사라진 태양계의 블랙홀 중심에 모여 태양이 탄생하게 된다.

17. 태양계에서 행성들이 만들어진 후 마지막에 태양이 만들어진 것처럼 은하계에서도 암석 물질로 이루어진 별이 만들어진 후에 사라진 블랙홀 중심에서 은하계의 태양이 만들어지게 될 것이다.

18. 쌍성계는 우주에서 가장 흔한 현상이며 절반이 쌍성으로 이루어져 있으며 현재 우주에는 은하계행성급의 암석으로 이루어진 은하의 별들이 만들어지는 단계로 추정된다.

19. 현재 은하계에서 많이 관찰되는 별들은 은하의 행성급 별들은 태양보다 온도는 높고 규모는 거대하지만 암석 물질로 이루어진 행성급의 별이기 때문에 수소 핵융합을 하는 태양에 비하여 수명이 매우 짧다.

20. 은하계의 여러 단계를 거쳐 암석으로 이루어진 별들이 모두

만들어 지고 냉각되면 은하계의 중심에도 은하계의 태양이 만들어지게 된다.

21. 이러한 원리로 여러 은하계가 모두 완성되고 여러 은하단이 모두 완성되면 우주 중심의 블랙홀이 사라지게 된다.

22. 우주 블랙홀을 통하여 순환하며 우주의 모든 별들의 에너지를 모두 흡수한 수소는 사라진 우주 블랙홀에 모두 모여 원시우주 태양이 탄생한다.

23. 원시우주 태양은 우주의 모든 별들과의 전자기적 충격으로 수소 핵융합을 시작하여 두 번째 Big Sun이 탄생하면 중력과 전자기적 반발력으로 중심에서 외곽으로 갈수록 빠르던 별들의 공전 속도가 외곽에서 중심으로 갈수록 빠르게 변하게 된다.

24. 이러한 원리로 우주가 반복 순환되면 우주에 존재하는 수소의 양은 줄어들게 되고 헬륨의 양은 점점 늘어날 것이며 암석 물질로 이루어진 별들의 규모도 일정 비율로 늘어날 것이라 생각한다.

25. 행성이 만들어지는 과정에서 중심핵이 암석 물질로 이루어진

가스형 행성은 밀도가 큰 가스 순서대로 대기가 만들어지기 때문에 수소 핵융합 과정에서 발생한 헬륨은 수소에 비하여 밀도가 두 배 이상 크기 때문에 무거워 가스형 행성의 대기로 흡수되어 우주에는 헬륨 핵융합을 일으키는 별이 없는 이유이다.

26. 이와 같이 가장 차가운 곳에만 존재하는 수소에 의하여 에너지가 흡수되어 사라지지 않고 순환하기 때문에 우주에서 에너지 보존법칙은 언제나 유효한 것이다.

27. 현재 우주의 수소와 헬륨의 비율이 3:1인 점을 고려할 때 이러한 우주의 순환과정이 서너 번 지나게 되면 우주에 수소는 더 이상 존재하지 않게 되고 헬륨이 우주에서 수소의 역할을 대신하게 되지 않을까 생각한다.

PART VIII

책 '지구의 대멸종과 빙하기'를 준비하며

책 '코스모스 블랙홀 엔진'에서 태양계와 우주의 탄생과 순환 원리를 설명하는 과정에서 다루지 못했던 지구와 관련하여 많은 과학자들의 연구에 의하여 밝혀진 여러 가지 현상을 모아 지구의 탄생과 순환과정을 누구나 알기 쉽도록 설명한다. 태양계에서 지구가 분리되어 냉각되며 순환하는 과정에서 필연적으로 발생하는 대륙의 이동, 지구 대멸종, 빙하기, 지축의 이동, 세차운동, 지자기의 역전 등이 일어나는 원리를 책 "지구의 대멸종과 빙하기"에서는 간단한 원리로 누구나 알기 쉽게 설명한다.

지구의 탄생과 순환과정을 이해하게 되면 지구의 기후변화과정을 이해하게 될 뿐 아니라 변화하는 지구의 환경과 기후의 변화에 의하여 유인원에서 인간으로 진화하는 데에는 선택의 여지가 없었으며 불을 사용하지 못하고 날것을 먹으며 벌거벗고 살며 끊임없이 이동하며 살 수밖에 없었는지에 대한 이유를 자연스럽게 알게 될 것이다.

석탄이 만들어지는 원리는 알려졌지만 아직까지 확실하게 밝혀지지 않은 석유가 만들어지는 원리와 우리의 몸에 털은 왜 사라졌으며, 머리카락은 왜 계속 자라는지, 태아의 몸에는 왜 털이 나 있으며, 피부색이 다른 이유와 일상생활에서 궁금한 여러 현상들을 시원하게 알게 될 것이다.

잉카인들이 만든 마추픽추의 공중도시, 사막에 만들어진 피라미드, 고인돌 등을 쌓는 간단한 방법을 알 수 있다. 우리가 무덤이라고

으로 알고 있는 고인돌의 숨은 용도를 알게 된다면 여러분들은 아마 깜짝 놀라게 될 것이다.

구약성서 창세기 편의 천지창조의 내용과 노아의 홍수 때 많은 비가 내리게 된 원인을 알 수 있으며 천 년 가까이 살던 인간이 노아의 홍수를 지나면서 수명이 단축된 원인을 알 수 있다. 수만 년 동안 인간이 살아온 환경과 과정을 이해하게 되면 우리는 무슨 운동을 얼마나 하는 것이 적절하며, 인간은 어떤 종류의 음식을 하루에 얼마나 먹어야 하는지, 우리 몸의 구조와 원리를 이해하고 우리의 몸을 적절하게 사용하는 방법을 알게 된다면 우리는 건강한 삶을 유지하게 될 것이며 날씬한 몸매를 만들기 위하여 따로 노력할 필요도 없다.

2016년 출판예정으로 집필 중인 책 『지구의 대멸종과 빙하기』를 읽게 되면 여러분은 가까운 미래에 다가올 대멸종의 과정과 시기를 알게 될 것이며 우리가 아무리 노력하여도 되돌릴 수 없는 지구의 순환하는 과정에서 틀림없이 나타나게 되는 제6의 지구 대멸종 사건 현장을 우리는 전무후무하게 실시간 중계를 통하여 바라보게 될 것이며 급박하게 돌아가는 대멸종 현장에서 우왕좌왕하지 않고 현명하게 대처하기 위하여 누구나 반드시 읽어야 할 필수 도서라고 생각한다.

2015. 3. 임 한 식 글